超级科学

空气和水的实验

图书在版编目（CIP）数据

空气和水的实验 /（英）奥克雷德著；党博译．—北京：同心出版社，2015.3

（超级科学）

ISBN 978-7-5477-1521-5

Ⅰ．①空… Ⅱ．①奥… ②党… Ⅲ．①空气—科学实验—少儿读物②水—科学实验—少儿读物 Ⅳ．① P42-33 ② P33-33

中国版本图书馆 CIP 数据核字 (2015) 第 082179 号

超级科学

空气和水的实验

策 划 人 / 龙　飞
责任编辑 / 王　莹
项目编辑 / 杨　敬
装帧设计 / 吴　萍

出版 / 同心出版社
地址 / 北京市东城区东单三条 8-16 号 东方广场配楼四层
邮编 / 100005
发行电话 /（010）88356856　88356858
印刷 / 北京海纳百川旭彩印务有限公司
经销 / 各地新华书店
版次 / 2015 年 8 月第 1 版　2015 年 8 月第 1 次印刷
开本 / 210 毫米 ×285 毫米　1/16
印张 / 2.5
字数 / 40 千字
定价 / 15.00 元

超级科学

空气和水的实验

（英）克里斯·奥克雷德 著

党博 译

北京日报报业集团

同心出版社

目 录

我们将学到关于空气和水的知识，包括气压是如何作用的，以及哪些物质能够漂浮在水上。

试验时间！

蜡烛燃烧需要氧气吗？
详见第28页

空气有重量吗？
详见第19页

船为什么能够漂浮在水面上？
详见第13页

家长监督说明

需要家长监督

家长监督与实验风险

·本书中的所有实验对孩子来说都是安全的，但有些实验最好在家长的监督下进行。这主要是由于实验中需要孩子点燃蜡烛，或使用剪刀、小刀等锋利的工具，或使用食用色素等材料。凡此类实验旁边都会标有“需要家长监督”的标志。

·家长在开始陪同孩子做实验前，请与孩子一起阅读本书的使用说明。

·在做实验前，家长要先对可能出现的危害做好预防措施，以避免意外发生。如果孩子留有长发或穿着宽松的衣服，请将头发扎起来并将衣服扎紧。

·使用火柴和剪刀等物品后，记得要放回到安全的地方。

你还可以……

其他相关实验

本书中还提到了一些其他相关实验，家长可以指导孩子自主进行。家长还可以在网上搜集更多类似的实验方法。这样的科学实验网站有很多：

www.kids-science-experiments.com 这个网站上有很多适宜孩子做的简单有趣的实验。

www.sciencebob.com/experiments/index.php 按照网站上详细明确的指导进行实验，可以让孩子几个小时都玩不腻。

www.tryscience.org 这个网站信息充足、娱乐性强，色彩丰富，还有很好的互动性。

关于空气的一切

我们虽然看不到空气，但是离了它人就无法生存！我们被空气围绕着，其中就包括人类生存所必需的氧气。空气也没有重量，但是它时刻都会产生压力，只是你没有意识到而已。

气 压

空气中的微小粒子被称为分子，这些分子时刻都在运动。分子运动得越剧烈，气压就越高。海拔越高的地方，气压就越低，其中含有的氧气也越少。

空气中有什么

空气其实是由许多气体混合而成的。其中最主要的是氮气和氧气，还有粉尘和水分。

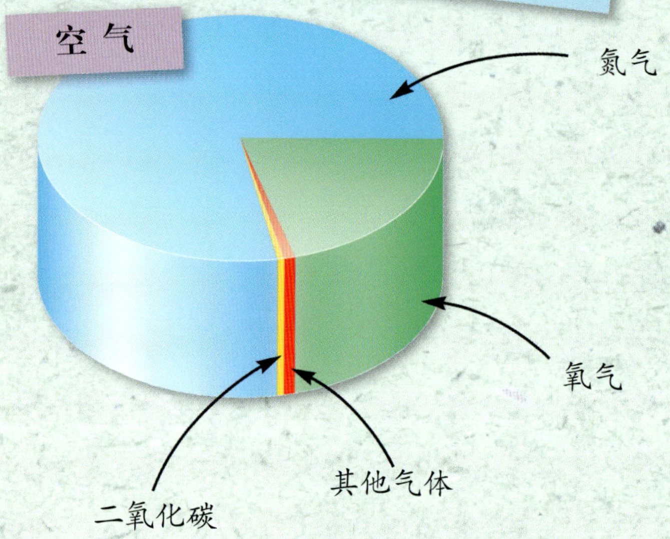

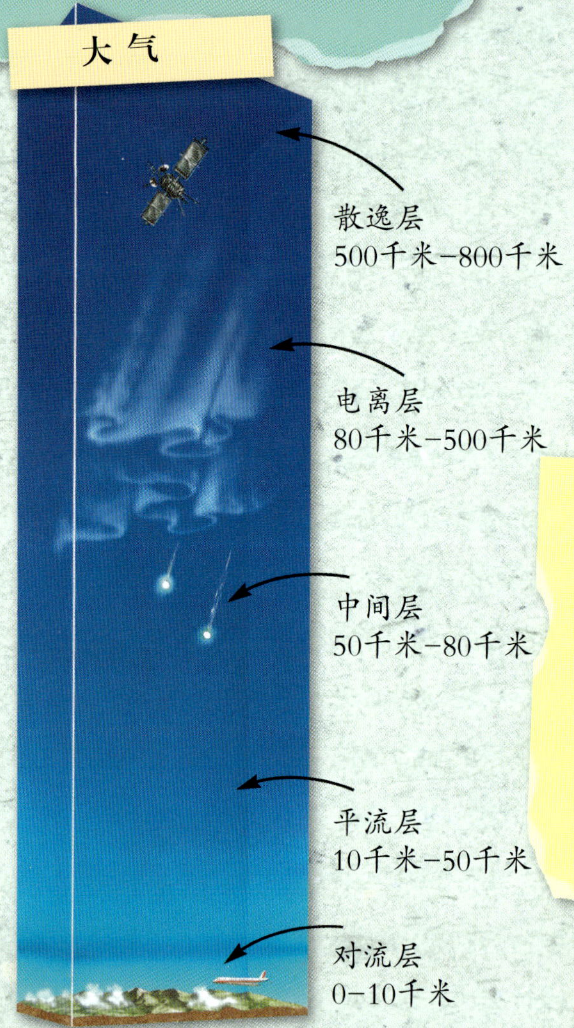

大 气

地球表面包裹着层层的空气。这些不同层次的空气统称为大气。大气的厚度可以从地面向天空绵延几百千米。厚厚的大气对保护地球十分重要，在夜晚可以保温，让地表不至于过度严寒，在白天可以避免阳光直接照射到地面。

关于水的一切

生命离不开水——无论是动物还是植物都需要水。地球上的水大部分存在于海洋中，而且是咸水。适于饮用的不含盐分的淡水则存在于河流和湖泊中。

水的三种形态

水是唯一可以以三种不同形态存在的物质：固态的水是冰，液态的是水，气态的水是水蒸气。液态是水在常温下的形态；0℃以下水会凝固为冰；100℃以上水会沸腾，蒸发为水蒸气。

水分子

水是由两个氢原子和一个氧原子组成的。水的化学式是H_2O。水分子的形状有点像一个英文字母V。

云带来降水，雨水再
重新汇聚到河流中
水汽聚
集形成云
植物的蒸腾作用
河流里的水，
流入海洋
海水的蒸发

水的循环

地球上的水是不断循环的。海洋、河流与湖泊中的水不断蒸发，上升到空中聚集成云。水滴越聚越大最终变成雨滴重新降落到陆地上，大部分的雨水又会汇聚到河流中最终流回大海。

漂浮和下沉

将一个物体放到液体中的时候，物体本身的重力会将一定量的液体排走（推开）。而被排走的液体又会反过来向物体施加一定的作用力，称为浮力。如果浮力的大小与物体本身的重力一样大或超过物体本身的重力，物体就会漂浮起来；反之，物体则会下沉。

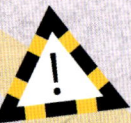

如何使用这本书

每个实验都配有明确的操作指导和实验结果说明。开始实验前，请务必完整阅读操作指导；实验时，应仔细遵循实验步骤，不要同时进行多个实验。如果你不知道该怎么做，可以向家长寻求帮助。

实验图标

① 显示实验所需材料备齐后，完成全部实验所需要的时间。

② 显示进行该实验时，是否需要家长在旁监督。

③ 显示实验的难易程度。

空气的魔法
围绕着我们的空气对我们是有压力的——这种压力叫做气压。准备好，来看看气压能有多大威力吧。
30分钟
不需要家长监督
较难
你需要准备的
· 操作台
· 两个干净的空瓶子
· 洗菜盆
· 凡士林霜
· 正方形的薄卡纸
（大小要超过瓶子的
· 食用色素（非必
1a
取一个瓶子，在里面注满水（加入色素会更有意思）。在瓶口一圈抹上一些凡士林霜。
1b
把一张正方形的薄卡纸放在瓶子上，让它与瓶口边沿紧密接触。
1c
保险起见，在瓶子下面个洗菜盆
一只手托着薄卡纸，将瓶子
然后移开托着瓶子的手。
Q 薄卡纸能托住瓶子里面的水吗？
A 可以，气压托起了卡纸，让瓶子里的水不会流出来。这说明气压是向各个方向施力的，而不是单纯朝下。
22

实验介绍

这里说明你通过这个实验能学到什么。

实验材料

实验所需的材料都是你能在家里找到或是从超市买到的物品。本书中的实验不需要任何特殊的设备。使用任何物品前，记得要先获得家长的许可。

安全第一

如果实验上标有“需要家长监督”的标志，就说明做这个实验的时候，最好有家长在旁监督指导。

这个标记也是提示你使用剪刀等物品时要注意安全。

一旦出现任何问题，都要尽快向家长求助。

提示

图片中的提示语可以给你很多有用的提示，帮助你顺利地完成实验。

实验步骤

数字和字母是用来说明实验步骤的。

2a
在碗里灌满水（加点色素能让实验更有趣）。把瓶子按到碗底，让水流进瓶子里。然后把瓶口朝下，倒立在水中。
2b
慢慢地将瓶子往上提，开始的时候要让瓶口保持在水面以下。看看随着瓶子不断升高，会发生什么。
Q 瓶子里的水是不是没有流出去?
A 是的，瓶子里的水并没有流出去。直到瓶子口被提出水面时，里面的水才会流出去。因为气压对水面有朝下的压力，碗里的水对瓶子里的水有朝上的推力，所以它不会流出来。
哗！
哗！
你还可以……
取一个塑料瓶，里
入 1/3 的热水。晃动瓶子
水充分接触整个瓶身，
把热水倒掉。接着拧紧
把瓶子猛地插入冷水
水使瓶子中的空气变
子放入冷水中，瓶子
收缩，以至于瓶子里
而外面的气压就会

实验结果说明

每个实验结尾都有一个问答形式的实验结果说明，帮助你了解实验背后的科学原理。

做实验时的注意事项

- 做实验前要清空桌面，如果有需要的话，还可以在桌面上铺一层报纸。
- 做实验时可以穿上围裙，或者穿件不怕被弄脏的旧衣服。
- 实验开始前准备好所需要的全部材料和工具，实验过后要记得收拾干净。
- 进行标有“需要家长监督”标志的实验时，应当有家长在旁监督指导。
- 有需要倒水的实验步骤时，用盘子接着或到水池前进行操作，以免水洒出来。
- 如果有任何问题，随时向家长寻求帮助。

你还可以……

这里会介绍额外的小实验，你可以通过这些实验来验证你刚学会的科学原理。

科学家的工具箱

在开始做实验之前，你需要先准备一些工具。这些工具都可以在家里找到或是从超市买到。记得使用之前要先获得家长的许可，尤其是进行有安全标记的实验时，要特别注意安全。

食品着色

食用原料

- 食用色素
- 牛奶
- 食品袋

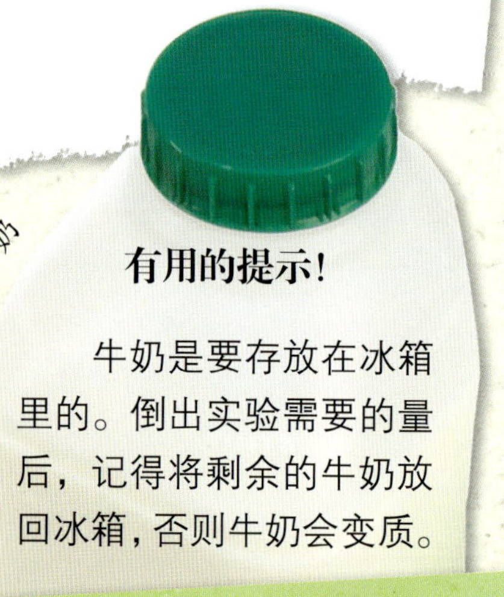

有用的提示！

牛奶是要存放在冰箱里的。倒出实验需要的量后，记得将剩余的牛奶放回冰箱，否则牛奶会变质。

从厨房里能找到的

- 玻璃杯
- 几个瓶子
- 水壶
- 几个塑料的大饮料瓶
- 盘子
- 剪刀
- 浅口碗
- 小碟子
- 一些吸管
- 洗菜盆
- 一些洗涤剂
- 清水

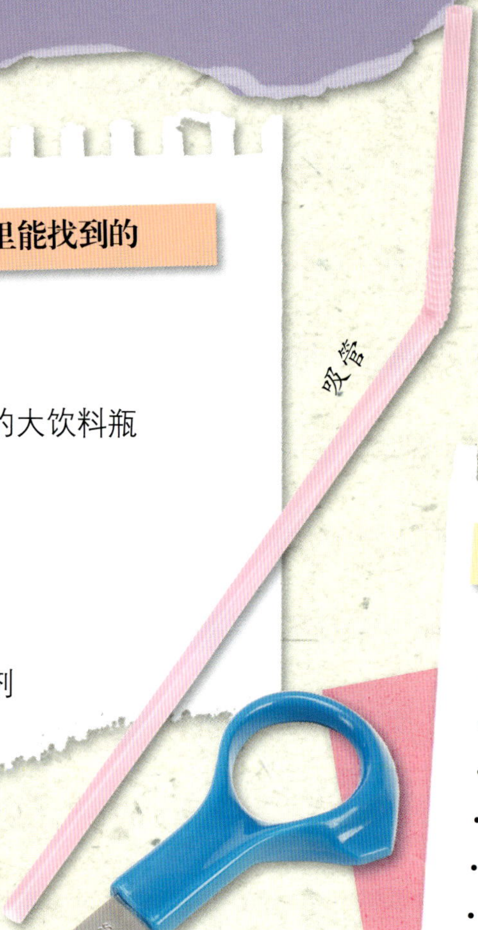

手工盒里的东西

- 硬纸筒
- 手工刀
- 记号笔
- 粘土或双面胶
- 曲别针
- 大头针
- 尺子
- 订书机
- 胶带
- 细绳
- 卷尺
- 硬卡纸
- 餐巾纸

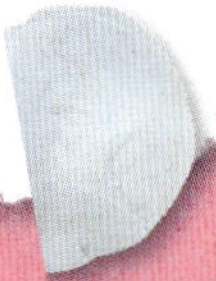

薄薄的卡片

警告！

剪刀是非常锋利的物品，容易造成割伤。使用前一定要征得家长的同意。将剪刀递给别人时，一定要把手握的一端朝向对方，以免锋利的尖端扎伤别人。

有用的提示！

下次用完一卷卫生纸的时候，把中间的纸筒留下来。它在实验中经常用得着。

有用的提示！

有的实验中可能会建议使用食用色素，不过这并不是必需的。添加食用色素只是为了帮助你更清楚地观察实验结果，色素的颜色对实验本身没有影响。

其他物品

- 几个气球
- 两把椅子
- 一些硬币
- 几根棉签
- 密封用宽胶带
- 吹风机
- 长约1.5米的竹竿
- 火柴
- 凡士林霜
- 长约1米的竹竿
- 小木块
- 短蜡烛

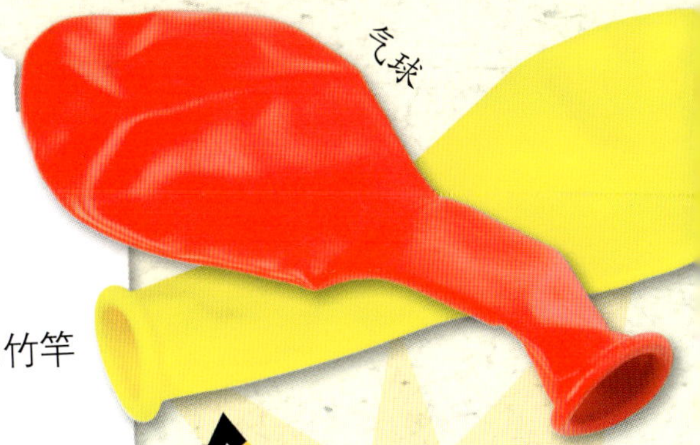

警告！

使用火柴或蜡烛时，需要家长监督或帮助。火是非常危险的，一定要注意安全。

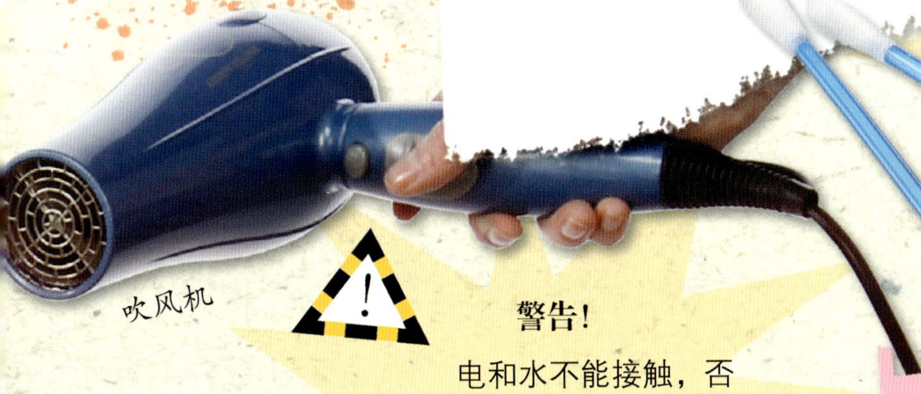

警告！

电和水不能接触，否则可能发生触电。使用吹风机时，先要确认吹风机上及其周围没有水。

做实验需要的场地

- 充足的空间
- 操作台

实验材料可重复使用或回收利用

玻璃、纸、塑料和废金属等物品都是可以回收利用的。这样做可以保护环境。利用废旧物品作为原料制作新产品，比用新原料更节约成本。

重复使用是指一个物品被扔掉前，它可以被反复多次使用。

回收利用是指一个物品成为垃圾后，可以被送到工厂，通过熔解等处理工艺，再作为原料制成新物品。

有用的提示！

塑料饮料瓶有各种颜色，选择透明的瓶子有助于你更清楚地观察实验结果。

漂浮还是下沉

在这个实验中，你可以看到有些东西能够漂浮在水上，有些则会下沉到水底。此外，你还将看到为什么本身会下沉的材料却可以用来制造不会下沉的船。

15分钟　不需要家长监督　容易

你需要准备的

- 洗菜盆或水槽
- 操作台
- 气球
- 清水
- 小木块
- 小碗
- 小碟子
- 粘土或双面胶
- 食用色素（非必需品）

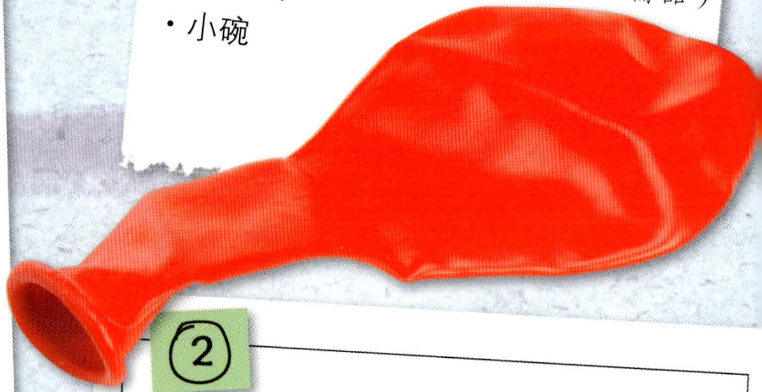

①

在洗菜盆里注满水。吹起一个气球，并把气嘴扎紧。把气球放在水盆里，并且将它按到盆底。然后松手。

Q 气球能不能浮起来?

A 可以，当你松手以后，水会把气球推上来。这就是水的浮力作用。水对任何被放进其中的物体都有浮力。浮力的大小取决于物体能排走多少水。

②

把一块木头放进水里，也把它按到盆底然后松手。

Q 木头能不能浮起来?

A 木头可以浮起来。木头在水中受到的浮力比它本身的重力大，所以可以浮起来。

3

把双面胶或粘土揉成团扔进洗菜盆里。

4b

再揉出一些小粘土球，作为“货物”放到小船上。注意小球要一个一个地放到船上。

Q 粘土球下沉了吗？

A 是的，粘土球沉底了。这说明水对粘土球的浮力没有粘土球本身的重力大。

4a

用小碗接满水放在盘子上。你可以往水中加入食用色素，那样可以更清楚地观察实验结果。把粘土捏成小船的形状，然后轻轻地将它放入水中。

Q 小船下沉了吗？

A 是的，最终小船下沉了。把粘土捏成小船的形状时，它可以排走更多的水，所以产生的浮力变大了，于是小船就可以漂浮在水面上。但是随着“货物”的增加，小船最终沉没了，因为增加的重力最终超过了浮力。随着小船排走的水量越来越多，你可以看到水溢出了碗口。

趣味喷泉

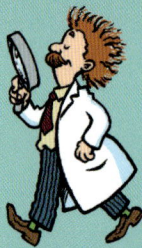

打开水龙头就会有水流出。但是水不是自己就能流出来的——它是受到了压力。这种压力就是来自于水管的水压。下面这个实验将说明水压是如何工作的。

15分钟　需要家长监督　容易

你需要准备的

- 大塑料瓶
- 操作台
- 手工刀
- 尺子
- 清水
- 水壶
- 记号笔
- 洗菜盆
- 食用色素（非必需品）

1a

把大塑料瓶的瓶盖取下，用记号笔在距离瓶底10厘米左右的地方做一个标记。用手工刀小心地在这里挖一个直径约5毫米的圆孔，边缘要整齐，可以找家长帮忙。

1b

把瓶子放到洗菜盆的边沿，用水壶向瓶子里灌水（可以往水里加些食用色素，有助于观察实验结果）。灌水时用手指堵住事先挖好的圆孔。直到水灌满至塑料瓶瓶口时，迅速移开手指。

Q 瓶子里的水发生了什么？

A 水从圆孔里喷了出来。水会流出来的原因就是水压，就是圆孔高度以上的水的重力产生的压力。

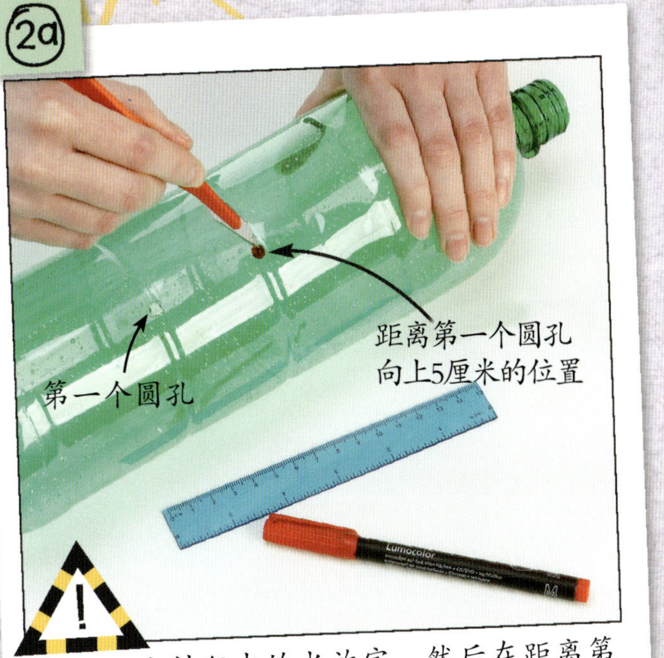

把塑料瓶中的水放完。然后在距离第一个圆孔向上 5 厘米的位置再挖一个同样大小的孔。

2b

用手指堵住两个孔，重新向瓶子里灌水，然后同时移开两个手指。

Q 发生了什么？

A 一开始，靠近底部的圆孔能把水喷得较远，但很快就变得越来越近了。水的压力来自于每个圆孔高度以上的水的重力。水越深的地方，压力越大。因为第一个圆孔比第二个圆孔位置更低，所以此处的水压较大。随着瓶里的水不断流出，水平面越来越低，圆孔以上的水的重力越来越小，对圆孔处的压力也就越来越小，所以水就喷不远了。

水的皮肤

你的生活中每天都要用到水，可是你知道水也有皮肤吗？这个实验就能让你明白水的皮肤是什么样的。

30分钟　不需要家长监督　较难

你需要准备的

- 正方形的餐巾纸（要比你用来实验的碗小一些）
- 操作台
- 浅口碗
- 曲别针
- 清水
- 洗涤剂
- 几根棉签
- 硬币
- 盘子
- 牛奶
- 食用色素

1a

在碗中加满水，从贴着水面的高度往水里放几个曲别针。

1b

小心地把餐巾纸放到水面上，然后再往餐巾纸上放几个曲别针。

1c

用棉签蘸上洗涤剂，然后轻触水的表面。

Q 曲别针能漂浮吗?

A 不能！因为曲别针是由钢做成的，比水要重，所以曲别针会下沉。然而，水的表面也可以不让曲别针下沉，因为它可以像一层皮肤一样发挥作用。这种作用叫做表面张力，是液体表面的水分子受力产生的。餐巾纸能够减缓你往水面上放曲别针的力度，所以水面的张力足以把它们托起。加入洗涤剂后，水表面的张力被破坏了，所以曲别针就下沉了。

2

往瓶子中灌入带颜色的水（便于观察实验结果），直到完全灌满至瓶口边沿。轻轻地往水中投入硬币，一次一个，注意观察水面的变化。

Q 水面凸起来了吗？

A 是的，水面渐渐升高，直到超过了瓶口！轻轻投入硬币时，是水面张力阻止了瓶子中的水溢出。

3a

在盘子中倒入牛奶。往牛奶表面滴几滴食用色素。

3b

用棉签蘸上一些洗涤剂，然后轻触牛奶表面，看看会发生什么。

Q 加入洗涤剂后，食用色素有什么变化？

A 洗涤剂碰触的地方，表面张力被破坏了！没有被破坏的地方，表面张力推动色素流动，形成了有颜色的纹路。

漂亮的花纹

气球跷跷板

无论在室内还是室外，空气就围绕在我们的周围。你感受不到它对你的压力，所以就认为空气没有重量。这个实验就是为了说明空气其实也是有重量的。

15分钟　需要家长监督　很难

你需要准备的

- 充足的空间
- 水平操工作台
- 一根长1.5米的竹竿
- 一根长1米的竹竿
- 两个气球
- 密封用宽胶带
- 细胶带
- 大头针

a

两个气球的大小无须完全一样

吹起两个气球，并把气嘴扎紧。注意不要吹得太鼓，以免它们在实验中胀爆。剪一段 5 厘米长的密封用宽胶带，把它贴在一个气球上。

b

用细胶带把两个气球的气嘴部分分别固定在较长的竹竿的两端。注意两个气球要朝着相同的方向。

C

把较短的一根竹竿固定在操作台上，竹竿一头至少超出操作台边 50 厘米。你可以用密封用宽胶带固定竹竿，也可以找几本厚重的书压在竹竿上。在后面的实验中，我们要用这根短竹竿来支撑另一根长竹竿。

d

要有耐心！这个实验
不是那么容易成功的

把长竹竿的中心架在短竹竿悬空的一端。仔细调整重心，直到竹竿平稳地停住。

e

用大头针小心地在气球上贴着密封胶带的地方扎一个小孔，让空气慢慢泄掉。

Q 随着漏气的气球越来越小，发生了什么？

A **往气球里吹气时，空气把气球的橡皮表面不断撑大。**所以气球里充满了被压缩的空气。当竹竿平衡时，说明两边的气球重量相等。如果你扎破一边的气球，里面的空气就会跑出来。慢慢地，漏气一边的竹竿会上翘，另一边则会下沉。这就说明漏气的气球越来越轻，证明漏出去的那部分气体也是有重量的。

耶！耶！耶！

火箭气球

当气球跑气的时候，气球会飞出去。它能飞多远，在一定程度上取决于跑出来多少空气。下面让我们准备好发射火箭气球吧！

15分钟　不需要家长监督　容易

你需要准备的

- 两个长条形气球
- 充足的空间
- 两把椅子
- 两根吸管
- 细绳
- 密封用宽胶带
- 曲别针
- 卷尺

准备两根细绳，每根5米长。每根细绳上穿一根吸管。

把两根细绳的两端捆绑或用宽胶带固定在两把椅子上。两把椅子分开一定距离，直到两根细绳绷紧。做这个实验需要有充足的空间。

吹起两个气球，其中一个尽可能吹鼓一些，另一个吹到一半鼓就可以了。将气嘴紧拧两圈，然后用曲别针别住防止漏气。

把两根吸管拉到细绳的一端，每根吸管上用胶带固定一个气球。

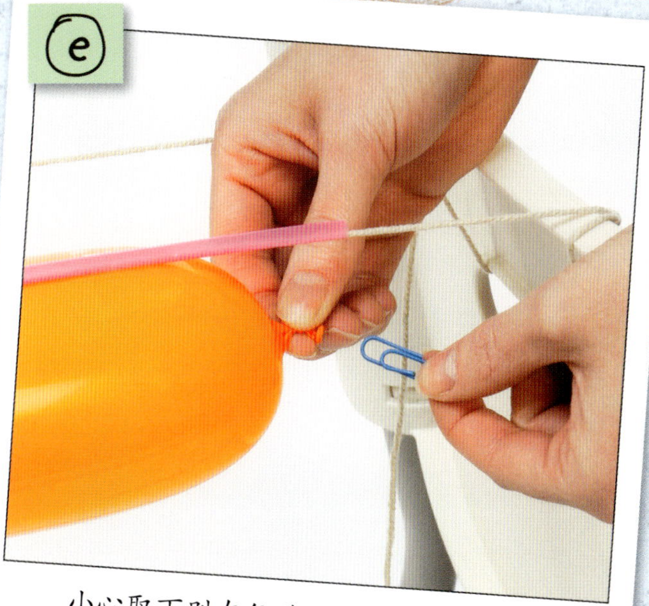

小心取下别在气嘴上的曲别针，确认气球开始漏气，然后放手看看气球能飞出多远。

呵呵！你追不上我！

Ⓠ 哪个气球飞得更远？

Ⓐ 吹得比较鼓的气球飞得远，因为里面的空气多。气球表面对气球里面的空气有压力。当你取下曲别针的时候，气球表面的压力会把里面的空气往外挤。空气朝一个方向跑出来，气球就会朝相反的方向飞出去，火箭发射就是这样的原理。因为吹得较鼓的气球里面空气更多，所以气体跑出来更快，这个气球也就能飞得更远。

空气的魔法

围绕着我们的空气对我们是有压力的——这种压力叫做气压。准备好，来看看气压能有多大威力吧。

30分钟　不需要家长监督　较难

你需要准备的

- 操作台
- 两个干净的空瓶子
- 洗菜盆
- 凡士林霜
- 正方形的薄卡纸（大小要超过瓶子的封口）
- 食用色素（非必需品）

1a

取一个瓶子，在里面注满水（加入色素会更有意思）。在瓶口一圈抹上一些凡士林霜。

1b

把一张正方形的薄卡纸放在瓶子上，让它与瓶口边沿紧密接触。

1c

一只手托着薄卡纸，将瓶子倒过来。然后移开托着瓶子的手。

Q 薄卡纸能托住瓶子里面的水吗?

A 可以，气压托起了卡纸，让瓶子里的水不会流出来。这说明气压是向各个方向施力的，而不是单纯朝下。

2a

在碗里灌满水（加点色素能让实验更有趣）。把瓶子按到碗底，让水流进瓶子里。然后把瓶口朝下，倒立在水中。

2b

慢慢地将瓶子往上提，开始的时候要让瓶口保持在水面以下。看看随着瓶子不断升高，会发生什么。

Q 瓶子里的水是不是没有流出去?

A 是的，瓶子里的水并没有流出去。直到瓶子口被提出水面时，里面的水才会流出去。因为气压对水面有朝下的压力，碗里的水对瓶子里的水有朝上的推力，所以它不会流出来。

你还可以……

取一个塑料瓶，里面倒入 1/3 的热水。晃动瓶子让热水充分接触整个瓶身，然后把热水倒掉。接着拧紧瓶盖，把瓶子猛地插入冷水中。热水使瓶子中的空气变热了，此时把瓶子放入冷水中，瓶子里面的空气就会收缩，以至于瓶子里面的气压变小了，而外面的气压就会把瓶子挤扁。

吹气的技巧

这个实验可以展示空气的另一个特征——空气流动越快，气压越低。

15分钟　需要家长监督　容易

你需要准备的

- 操作台
- 小气球
- 大塑料瓶
- 硬纸筒
- 食品袋
- 剪刀

1a

拧下塑料瓶的盖子，用剪刀小心地将瓶子底部剪掉。

1b

把小气球吹起到乒乓球大小，从瓶底剪开的地方放进瓶子中。瓶口朝下，对着瓶口向气球吹气，看看是什么结果。

Q 你能把气球吹出塑料瓶吗？

A 不能，无论你怎么吹，气球都不会被吹出去。你从瓶口向气球吹气的时候，虽然气球会被向上托起一些，但是从你肺里呼出的气很快就从气球下面和两侧流走了。迅速流动的空气比静止的空气气压低（这就是伯努利定理）。气球下方的空气流动，气压就降低，而气球上方的气压更大，所以气球总是会被压下来。

2a

把硬纸筒的一部分放入食品袋口，然后把食品袋紧紧地缠在硬纸筒上（这样硬纸筒就成了食品袋内部与外界唯一的通道）。

2c

现在换一种方法，把硬纸筒举到离你的嘴大约 10–20 厘米远的地方。再用力吹气，让空气形成一条细细的气流进入硬纸筒。

2b

把硬纸筒紧贴在嘴边，用力向里面吹气，看看袋子充气的状况。

Q 哪种吹气方法能让食品袋更快地鼓起来？

A 离远一点吹气，食品袋充气反而更快。快速流动的气流使袋口附近的气压减小了，于是硬纸筒周围的空气都被压向硬纸筒的入口，进入了食品袋，所以食品袋能更快地鼓起来。

流线加速

你向前跑的时候，空气会将你向后推。这种阻碍你运动的力叫做空气阻力。任何在空气中运动的物体都要受到空气阻力。下面这个实验可以解释空气阻力的原理。

30分钟　需要家长监督　较难

你需要准备的

- 操作台
- 3张细长的薄卡纸（8×25厘米）
- 3张正方形厚卡纸（8×10厘米）
- 细胶带
- 订书机
- 吹风机

将第一张细长的薄卡纸卷成一个纸筒，用订书机钉住连接处。

用细胶带把纸筒固定在一张正方形的厚卡纸上。

将第二张细长的薄卡纸对折再对折，分成相等的四部分。

d

将薄卡纸的两条短边用胶带粘在一起，形成一个立方体的模型。把它也固定在一张正方形的厚卡纸上。

e

将第三张细长薄卡纸的两条短边对齐，用订书机钉在一起，形成一个水滴似的模型。把它固定在第三张正方形的厚卡纸上。

f

吹风机要与三个模型高度相同

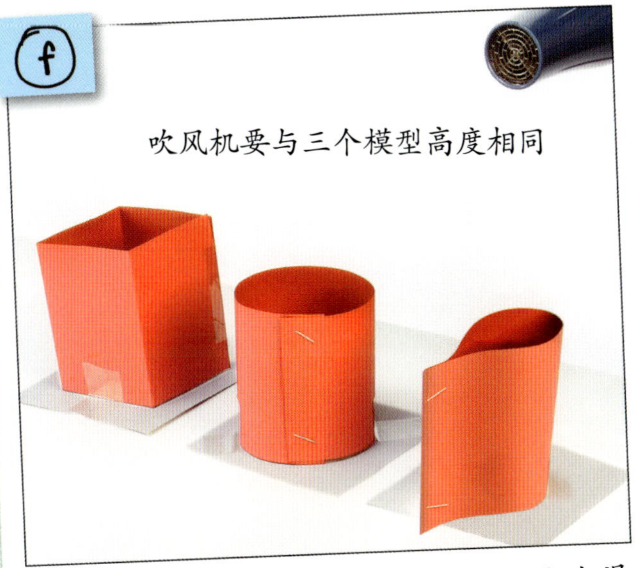

把三个制作好的模型并排放在一个光滑的桌面上。打开吹风机，从距离每个形状约1米远的位置开始，慢慢向模型靠近，直到模型被吹动。以相同的方式依次对三个模型都进行相同的实验。

Q 哪个模型最先移动？

A 方形最先移动，水滴形最后移动。从吹风机吹出的风遇到三个模型时，会产生阻力。吹风机离模型越近，它们附近的空气流动越快；空气流动越快，产生的阻力就越大。最终，阻力大到将模型推离原地。阻力的大小取决于空气能否轻易地从模型旁边通过。方形产生的阻力最大，水滴形产生的阻力最小。水滴形也叫流线型，它可以让空气顺利地从它的周围通过。

灭火器

你是否知道，离开了空气，物体就无法燃烧？那么物体到底是怎么燃烧的呢？让我们一起来做个实验吧！

30分钟 需要家长监督 较难

你需要准备的

- 操作台
- 水壶
- 清水
- 火柴
- 一小段蜡烛
- 盘子
- 干净的小玻璃瓶
- 干净的大玻璃瓶
- 3枚同样大小的硬币
- 粘土或双面胶
- 食用色素（非必需品）

1a

在盘子中间放一小块粘土，把蜡烛插在粘土上，这样蜡烛就能在盘子上站稳了。

1b

点燃蜡烛，然后把小个的玻璃瓶倒扣在蜡烛上。数一数蜡烛熄灭用了几秒钟。

1c

重新点燃蜡烛，这次把大个的玻璃瓶倒扣在蜡烛上，蜡烛熄灭所用的时间是不是变长了？

Q 哪个瓶子里的蜡烛燃烧时间更长？

A 大个的瓶子里面容纳的空气多，所以含有的氧气也多，因此蜡烛燃烧的时间更长。

空气是由很多种不同的气体混合而成的，其中最主要的是氮气和氧气。氧气是燃烧的必要条件。当你把瓶子扣在蜡烛上面时，燃烧的蜡烛就会把瓶子里的氧气慢慢用光。当瓶子里的氧气不足时，蜡烛就熄灭了。

在蜡烛的周围放三枚硬币，这样倒扣瓶子的时候可以让瓶口和盘子之间留有一点缝隙。

向盘子中加水，直到水没过硬币（最好在水中加点色素，这样便于观察）。

点燃蜡烛，把瓶子扣在蜡烛上，瓶口放置在硬币上。

Q 盘子里的水发生了什么？

A 随着蜡烛慢慢熄灭，盘子里的水被吸进了瓶子里。水被吸进瓶子里并不是因为蜡烛燃烧用光了氧气，而是因为随着蜡烛的熄灭，瓶子里的空气变冷开始收缩。

潜水员模型

在这个实验中，我们要同时运用气压和水压的原理来制作一个模拟潜水员潜水和上浮的模型。

30分钟　不需要家长监督　很难

你需要准备的

- 操作台
- 一些可弯曲的吸管
- 一些曲别针
- 带盖的大塑料瓶
- 玻璃杯
- 剪刀
- 食用色素（非必需品）

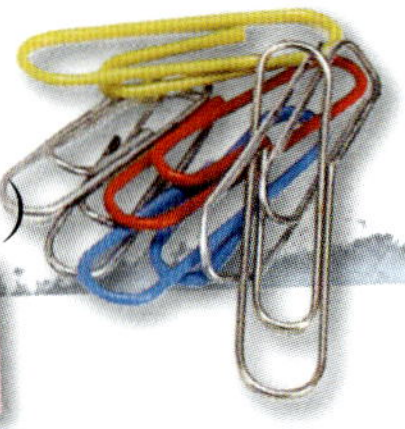

准备工作

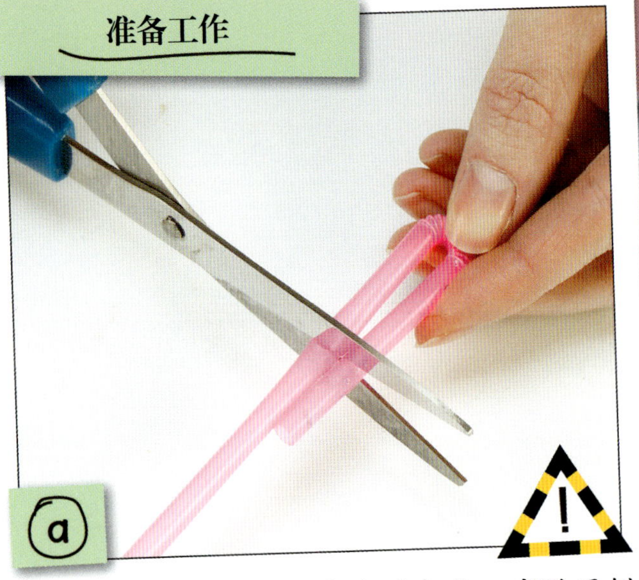

a 保留吸管上可以弯曲的部位，弯弧两侧各留2厘米，把其余部分剪掉。

b 捏着剪好的吸管两头往外拉，把弯弧部分尽量拉伸开。取一个曲别针，把它最外面的一根弯钩勾到吸管的弯弧正中间。一个潜水员模型就做好了。

测试潜水员模型

a 在玻璃杯中接满水作为测试水槽。往潜水员模型的曲别针上一个一个地增加曲别针，直到模型沉水为止。

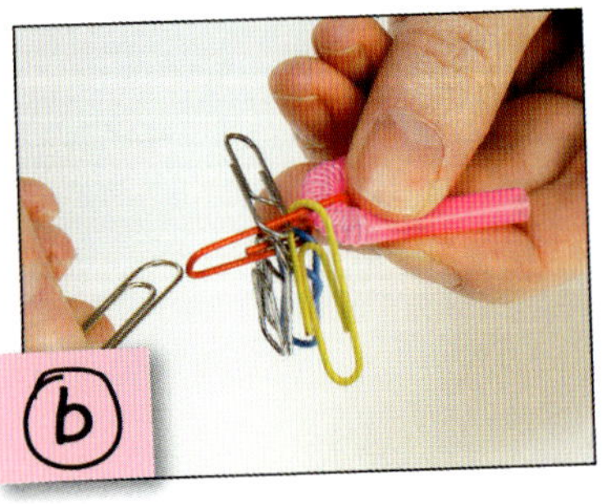

b 当模型沉水后，取下最后加上的这个导致模型最终下沉的曲别针。

c 取下这个曲别针后，模型应当又可以浮上水面了。

往大塑料瓶中灌水，不用完全灌满。加入一些食用色素可以让实验更有趣。把带着曲别针的潜水员模型放进瓶子里，并拧紧瓶盖。

双手用力捏紧瓶身中间部分，然后放手，反复捏、放几次。如果模型没有完全下沉和浮起，你可以把它拿出来，增加或减少一个曲别针，然后重新实验。

Q 潜水员模型都有什么变化?

A 潜水员模型沉底了。吸管里面因为有空气所以不会下沉，加上足够的曲别针才能让它下沉。当你捏紧瓶子的时候，瓶子顶部的空气被挤压到一个较小的空间里，此时气压就变大了，空气对瓶子中的水压也会相应增大。瓶子里的水被挤进了吸管里，吸管变重了，于是就会下沉。当你放松了对瓶子的压力时，瓶子里的空气又重新膨胀，气压下降了。吸管里的水又会被挤出来，于是吸管又变轻了，自然就会浮出水面。

记录实验结果

你可以在这里记录实验结果。比如写每个实验是否成功，还有你从中学到了什么知识。你也可以写你觉得这些实验是不是很有趣。

在这里留下一张你作为小科学家做实验的照片吧！

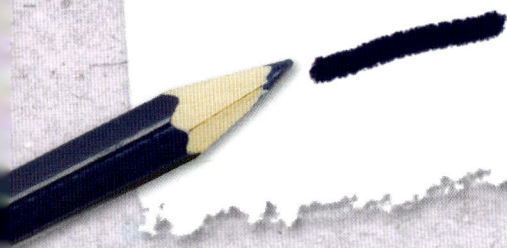

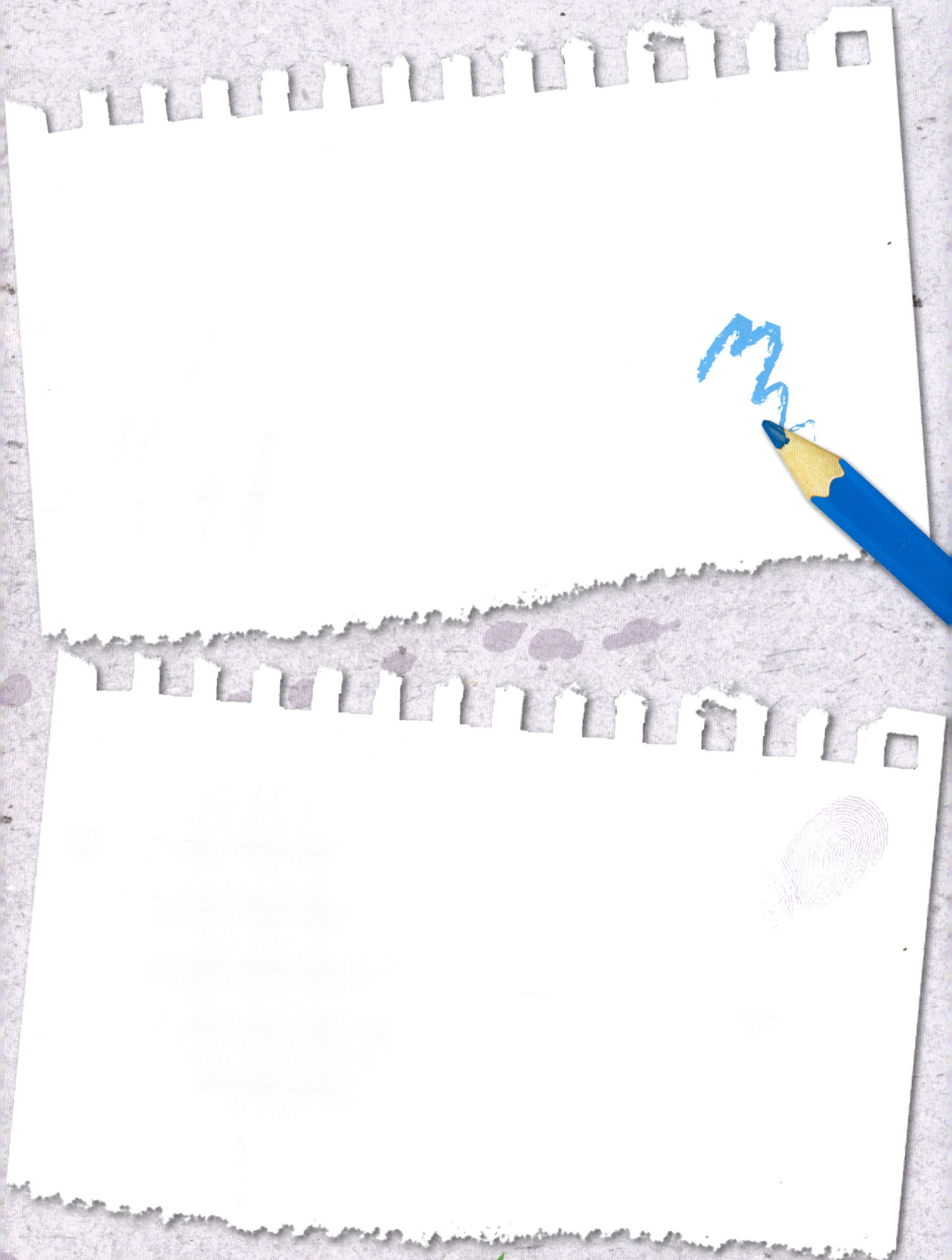

问答时间

准备好，让我们测试一下你从实验中学到了哪些知识吧。你可以把答案写到一张纸上，然后再和第 40 页上的正确答案进行比较。不许偷看哦！

下列空白处应该填什么？

1. 如果物体受到的浮力小于它本身的重力，它就会________。
2. 水表面的水分子受力会形成表面________。
3. 伯努利定理说明快速流动的空气比静止的空气气压更________。
4. 空气阻碍你运动的力叫做________。
5. 没有________，物体就不能燃烧。

下列各句空格处应该填什么？

6. 如果瓶子里的水满至瓶口，水面就会________，但是表面张力会防止水向外溢出。
7. ________是指一种物质在被扔掉前以同一形式反复使用。
8. ________型可以让空气顺利地从它周围通过。
9. 地球表面包围的空气叫做________。

判断对错

10 吹鼓的气球放在水中会沉没。

11 越高的地方气压越低。

12 快速流动的空气产生的气压比较低。

问题10的图片提示

选择题

13 在常温下，水会呈现为固态？液态？气态？还是都有可能？

14 两个不同大小的气球如果同时被放气，较大的气球与较小的气球相比，会飞得更远？还是更近？

15 气压是朝向哪个方向的？上？下？还是四面八方？

16 空气阻碍你运动的力叫做气压？还是表面张力？还是空气阻力？

你还记得吗？

问题17的图片提示

17 空气有重量吗？

18 组成空气的最主要的两种气体是什么？

19 水的沸点是多少摄氏度？

20 水产生的压力叫什么？

下面还有更多问答题

看图解题

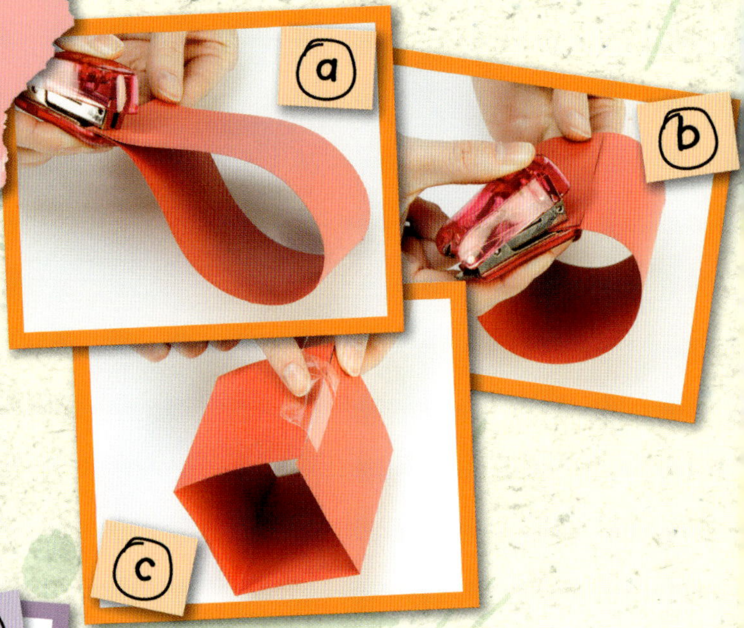

21 在橙色框的 3 幅图片中，哪张图片里显示的是流线型？

22 在紫色框的 2 幅图片中，哪种方式能更快地给袋子充气？

23 在绿色框的3幅图片中，哪种物体放到水中会沉没？

24 在红色框的 2 幅图片中，哪张图片里显示的蜡烛能燃烧得更久？

25 在蓝色框的 3 幅图片中，哪个喷孔里的水压最大？

词汇表

空气：是由很多气体（其中最主要的是氮气和氧气）、粉尘和水分混合而成的。

气压：来源于空气中的无数微小粒子的重力而形成的压力。

空气阻力：空气对运动物体产生的阻碍力。

大气：地球表面包裹着的层层的空气统称为大气。

伯努利定理：该定理说明流动的空气比静止的空气的气压低。

沸点：液体沸腾并蒸发为气体时需要达到的温度。

浮性：物体可以漂浮在水面上的特性。

蒸发：水分子被加热后发生的汽化现象。

漂浮：如果物体受到的浮力超过它本身的重力，它就可以漂浮在水中。

充气：像气球或其他可膨胀的物体内部充入气体使其膨胀的过程。

光：我们肉眼能够看到的一种能源形式。

融化：通过加热使固体变为液体的过程。

氮气：空气中最主要的组成部分（在空气中所占比例为78%）。

氧气：生物生存所必需的气体，在空气中所占的比例为21%。

回收利用：废旧物品被送到工厂熔解，重新制成与原来一样的产品或其他新产品。

重复使用：一种物质在被扔掉前以同一形式反复使用。

沉没：如果物体受到的浮力比它本身的重力小，它就会沉入水中。

流线型：这种形状可以使物体在运动时所受到的阻力最小化。

表面张力：是液体表面的水分子受力产生的，就像水表面的一层皮肤。

浮力：液体把放入其中的物体向上推的力。

水压：由于水自身的重力产生的压力。水越深，水压越大。

索 引

答 案

1.下沉 2.张力 3.低 4.空气阻力 5.氧气 6.凸起 7.重复使用 8.流线 9.大气 10.错误 11.正确
12.正确 13.都有可能 14.更远 15.四面八方 16.空气阻力 17.有 18.氮气和氧气 19.100℃
20.水压 21.a 22.a 23.b 24.a 25.b

超级科学

电和磁的实验

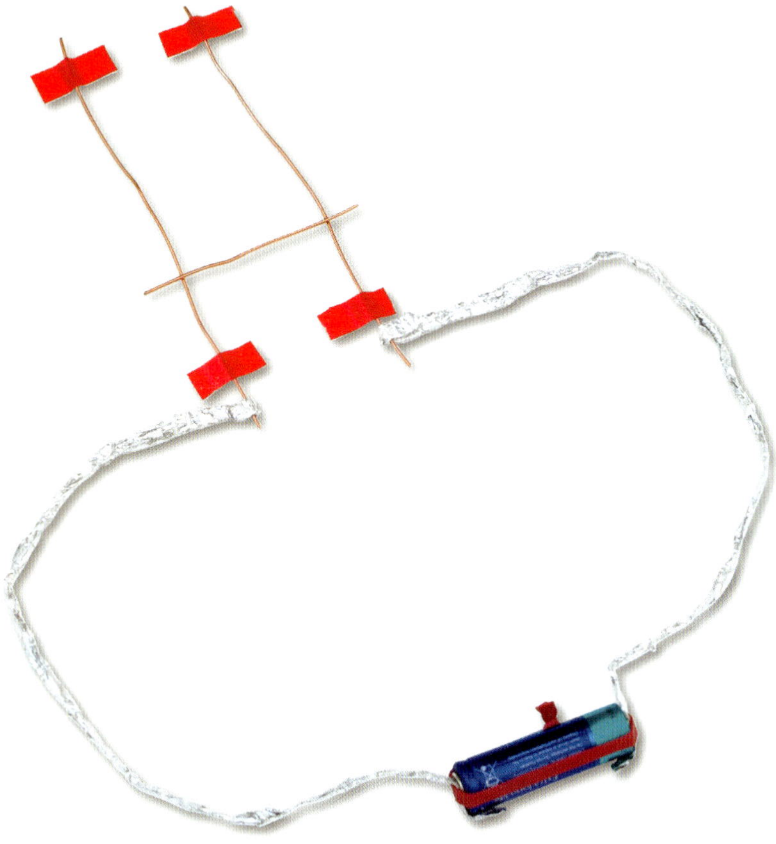

图书在版编目（CIP）数据

电和磁的实验 /（英）奥克雷德著；党博译 . — 北京：同心出版社，2015.3

（超级科学）

ISBN 978-7-5477-1521-5

Ⅰ . ①电… Ⅱ . ①奥… ②党… Ⅲ . ①电学—科学实验—少儿读物②磁学—科学实验—少儿读物 Ⅳ . ① O441-33

中国版本图书馆 CIP 数据核字 (2015) 第 082177 号

超级科学

电和磁的实验

策 划 人 / 龙　飞
责任编辑 / 王　莹
项目编辑 / 杨　敬
装帧设计 / 吴　萍

出版 / 同心出版社
地址 / 北京市东城区东单三条 8-16 号 东方广场配楼四层
邮编 / 100005
发行电话 /（010）88356856 88356858
印刷 / 北京海纳百川旭彩印务有限公司
经销 / 各地新华书店
版次 / 2015 年 8 月第 1 版 2015 年 8 月第 1 次印刷
开本 / 210 毫米 ×285 毫米 1/16
印张 / 2.5
字数 / 40 千字
定价 / 15.00 元

超级科学

电和磁的实验

（英）克里斯·奥克雷德　著
党　博　译

北京日报报业集团
同心出版社

目 录

我们将学到电流，以及电流是如何工作的知识。

如何点亮两个灯泡？
详见第17页

试验时间！

电流可以通过哪种物质？
详见第19页

气球能把碎纸片吸起来吗？
详见第12页

家长监督说明

需要家长监督

家长监督与实验风险

·本书中的所有实验对孩子来说都是安全的，但有些实验最好在家长的监督下进行。这主要是由于实验中需要孩子点燃蜡烛，或使用剪刀、小刀等锋利的工具，或使用食用色素等材料。凡此类实验旁边都会标有“需要家长监督”的标志。

·家长在开始陪同孩子做实验前，请与孩子一起阅读本书的使用说明。

·在做实验前，家长要先对可能出现的危害做好预防措施，以避免意外发生。如果孩子留有长发或穿着宽松的衣服，请将头发扎起来并将衣服扎紧。

·使用火柴和剪刀等物品后，记得要放回到安全的地方。

你还可以……

其他相关实验

本书中还提到了一些其他相关实验，家长可以指导孩子自主进行。家长还可以在网上搜集更多类似的实验方法。这样的科学实验网站有很多：

www.kids-science-experiments.com 这个网站上有很多适宜孩子做的简单有趣的实验。

www.sciencebob.com/experiments/index.php 按照网站上详细明确的指导进行实验，可以让孩子几个小时都玩不腻。

www.tryscience.org 这个网站信息充足、娱乐性强，色彩丰富，还有很好的互动性。

什么是电

电是一种能量，世界上很多东西都要靠电来提供动力。我们日常生活中所使用的一些机器都需要用电。电是由发电厂提供的。我们可以燃烧煤炭、石油或天然气发电，也可以使用水能或核反应堆来带动巨大的涡轮机发电。

电的流动

电子是电能够成为能源的原因。电子是组成原子的一部分，当电子受到排斥力，就会从一个原子脱离，移动到另一个原子。当数以亿计的电子受力移动时，就会产生电流。最初推动电子移动的力量通常来源于电池或电站。

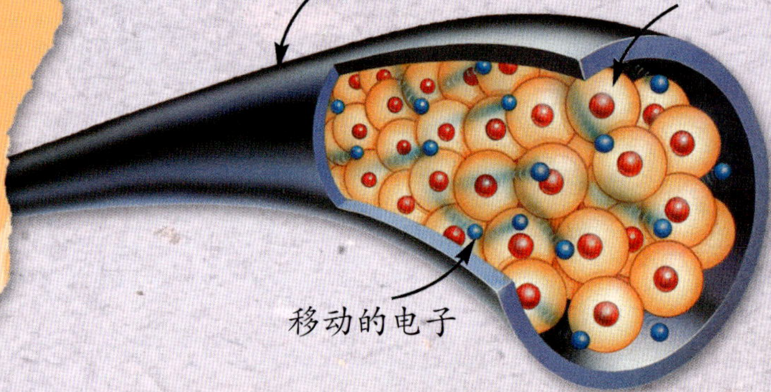

物 质

导体是允许电流通过的物质。金属大多是导体，铜的导电性能就很好。

绝缘体是不允许电流通过的物质，比如木头或塑料。

电 路

电路是一段联通不断的回路，必须由导体制成，这样才能允许电流通过。一个完整电路必备三个部分：第一是电源，比如电池；第二是导体；第三是用电物体，比如一个灯泡。

电流是通过电线内部的铜质导体流动的。

电线外面的绝缘皮是由塑料之类的绝缘体制成的，可以防止漏电。

运动中的电流

虽然我们看不到电，但是它时刻存在于我们身边。这是因为所有的原子都可以带电。通常一个原子含有一个带正电的原子核和一个带负电的电子，所以原子本身正负平衡。但是，如果一个原子中的电子流失了，它就会变成带正电的原子；如果一个原子获得了新的电子，它就会变成带负电的原子。

静电

静电是在物体表面产生的。当你将两个物体相互摩擦，电子就会从一个物体移动到另一个物体上,所以失去电子的物体就带上了正电，获得电子的物体就带上了负电。

如果用气球在头发上摩擦，头发就会立起来！这是因为每根头发都带上了正电，它们之间互相排斥，所以会向相反方向移动。

吸引或排斥

带不同电荷的物体之间会相互吸引，带相同电荷的物体之间会相互排斥。

云层中产生的负电荷遇到了地面上产生的正电荷。

闪电

闪电是自然界中的电相互作用表现出来的一种惊人的现象。暴风雨来临时，云层底部会产生负电荷，而地面上产生的则是正电荷。闪电就是正负电荷相互吸引，进而接触，并释放电流而产生的。

磁力

电流与磁性息息相关。磁性就是磁体之间产生的看不到的作用力。电流流动就会产生磁；而当磁体移动时，又会产生电流。磁体就是一块能够吸引其他有磁性物体的金属，比如铁。

磁体周围有一个磁场，在这个区域可以感受到磁体的磁力。

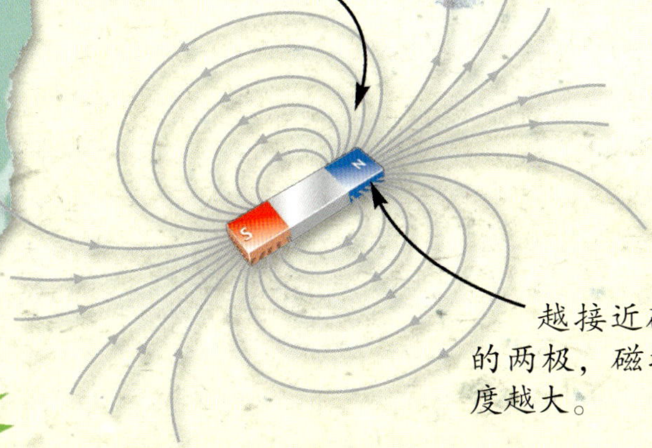

越接近磁体的两极，磁场强度越大。

如何使用这本书

每个实验都配有明确的操作指导和实验结果说明。开始实验前，请务必完整阅读操作指导；实验时，应仔细遵循实验步骤，不要同时进行多个实验。如果你不知道该怎么做，可以向家长寻求帮助。

实验图标

① 显示实验所需材料备齐后，完成全部实验所需要的时间。

② 显示进行该实验时，是否需要家长在旁监督。

③ 显示实验的难易程度。

带电的气球

当你用梳子梳头发时，头发是不是偶尔会竖起来？这就是产生了静电造成的。当不同物质相互摩擦时，电子会从一个物体跑到另一个物体上。

你需要准备的
- 操作台
- 3个气球
- 羊毛制品（袜子或手套
- 碎纸片（比如餐巾纸）
- 金属的勺子
- 1米长的棉线
- 清水
- 剪刀

1a 吹起一个气球并且把它扎牢。用羊毛制品摩擦气球，比如带着羊毛手套摩擦。

1b 把纸弄成细碎的方形小纸片

把气球放到碎纸片上方……什么。

Q 气球能不能把纸片吸起……

A 可以，因为气球表面产……制品摩擦气球，在气球表面……这是由于微小的电子从羊……上，从而让气球带上了负……吸引带有正电荷的碎纸片……所以静电产生的吸引力是……

你还可以……

你也可以把带静电的气球放到头发附近，或是水龙头流出的细小水流旁边，看看会发生什么。

12

实验介绍

这里说明你通过这个实验能学到什么。

实验材料

实验所需的材料都是你能在家里找到或是从超市买到的物品。本书中的实验不需要任何特殊的设备。使用任何物品前，记得要先获得家长的许可。

安全第一

如果实验上标有“需要家长监督”的标志，就说明做这个实验的时候，最好有家长在旁监督指导。

这个标记也是提示你使用剪刀等物品时要注意安全。

一旦出现任何问题，都要尽快向家长求助。

你还可以……

这里会介绍额外的小实验，你可以通过这些实验来验证你刚学会的科学原理。

做实验时的注意事项

- 做实验前要清空桌面，如果有需要的话，还可以在桌面上铺一层报纸。
- 做实验时可以穿上围裙，或者穿件不怕被弄脏的旧衣服。
- 实验开始前准备好所需要的全部材料和工具，实验过后要记得收拾干净。
- 进行标有“需要家长监督”标志的实验时，应当有家长在旁监督指导。
- 有需要倒水的实验步骤时，用盘子接着或到水池前进行操作，以免水洒出来。
- 如果有任何问题，随时向家长寻求帮助。

实验步骤

数字和字母是用来说明实验步骤的。

2a

把金属的勺子沾上水在气球表面摩擦。

2b

再把气球放到碎纸片上看看会有什么效果。

3a

再吹起两个气球，用棉线把气嘴扎紧。用羊毛制品分别摩擦两个气球的整个表面。

3b

让你的帮手拿着棉线的一头，让气球自然垂在空中。此时你用另一个气球去接近这个气球，看看悬空的气球有什么变化。

提示

图片中的提示语可以给你很多有用的提示，帮助你顺利地完成实验。

我们能否摆脱静电的烦恼?

Q **我们能否摆脱静电的烦恼?**

A **可以，用沾水的勺子摩擦气球可以避免产生静电。**气球表面产生的静电被勺子上的水吸收了（因为水能够改变勺子与气球的接触）。此时的气球表面没有静电，也就不能把碎纸片吸起来。

手羊毛
静电。
了气球
荷又会
很轻，
来。

Q **两个气球是不是相互排斥?**

A **是的，因为产生了静电，所以两个气球靠近时会相互排斥，挨不到一起。**你用羊毛制品摩擦气球之后，两个气球表面都产生了静电，而且都是负电荷。相同电荷总是想把对方推开（即产生排斥），所以两个气球没法挨到一起。

13

实验结果说明

每个实验结尾都有一个问答形式的实验结果说明，帮助你了解实验背后的科学原理。

科学家的工具箱

在开始做实验之前，你需要先准备一些工具。这些工具都可以在家里找到，或是从超市买到。记得使用之前要先获得家长的许可，尤其是进行有安全标记的实验时，要特别注意安全。

电子元件

- 1.5V的5号电池
- 1.5V的手电筒灯泡（不是LED灯泡）
- 铜导线
- 有绝缘外皮的细电线
- 剥皮器（或钳子）

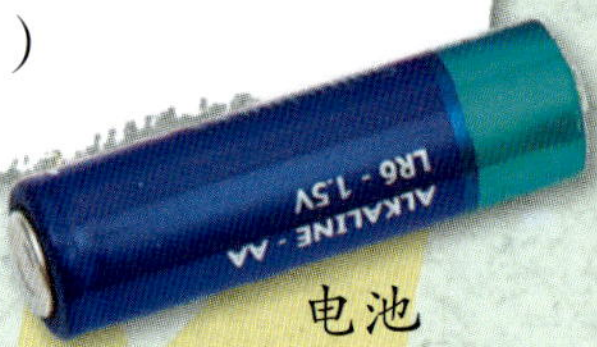

警告！

虽然我们的生活中离不开电，但电是非常危险的。接触电线可能造成触电，也不要让电流接近水。

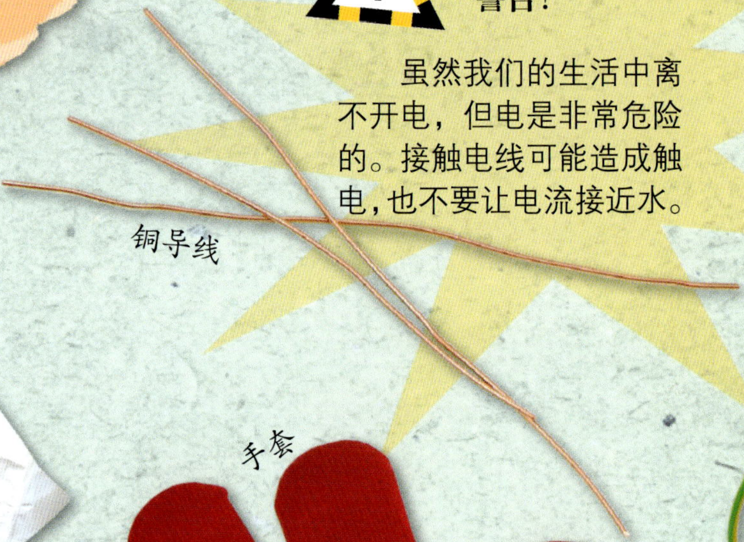

从厨房里能找到的

- 铝制空饮料罐
- 玻璃杯
- 玻璃罐
- 水壶
- 厨房用的锡纸
- 厨房用的纸巾
- 小刀
- 塑料托盘
- 剪刀
- 筛子
- 金属勺子
- 食盐
- 抹布
- 清水

锡纸

手套

手工盒里的东西

- 棉线
- 笔
- 碎纸片，比如撕碎的餐巾纸
- 胶带
- 羊毛制品（袜子或手套）

餐巾纸

警告！

剪刀是非常锋利的物品，容易造成割伤。使用前一定要征得家长的同意。将剪刀递给别人时，一定要把手握的一端朝向对方，以免锋利的尖端扎伤别人。

有用的提示！

你可以用打孔机把纸弄成大小统一的小圆片，利用废旧的纸张可以避免浪费资源！

其他物品

- 气球
- 条形磁铁
- 晾衣夹
- 指南针
- 铜币
- 大个铁钉或螺丝钉
- 密封用宽胶带或塑料的绝缘带
- 曲别针
- 塑料文件夹
- 短小结实的橡皮筋
- 滑石粉
- 不同物质制成的物品，比如纸张、木头、塑料和金属
- 镀锌的钉子

晾衣夹

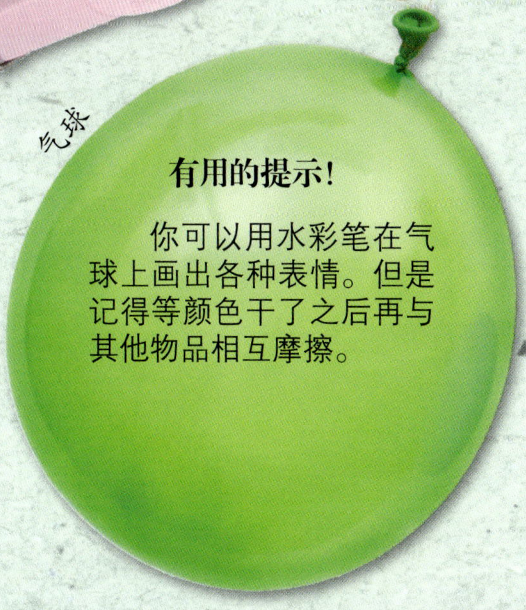
气球

有用的提示!

你可以用水彩笔在气球上画出各种表情。但是记得等颜色干了之后再与其他物品相互摩擦。

铜币

做实验需要的场地

- 操作台

实验材料可重复使用或回收利用

玻璃、纸、塑料和废金属等物品都是可以回收利用的。这样做可以保护环境。利用废旧物品作为原料制作新产品，比用新原料更节约成本。

重复使用是指一个物品被扔掉前，它可以被反复多次使用。

回收利用是指一个物品成为垃圾后，可以被送到工厂，通过熔解等处理工艺，再作为原料制成新物品。

电线

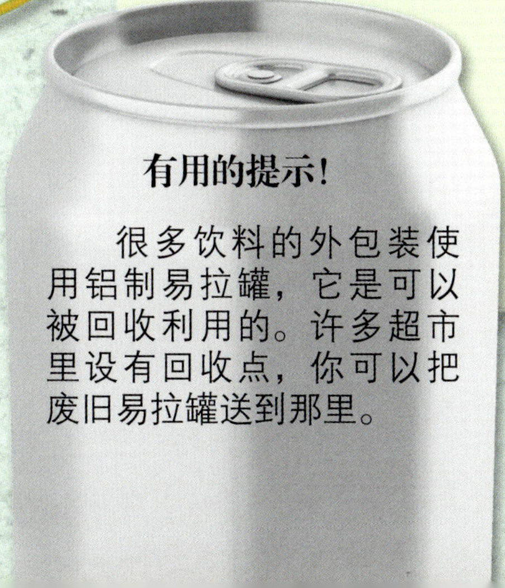

有用的提示!

很多饮料的外包装使用铝制易拉罐，它是可以被回收利用的。许多超市里设有回收点，你可以把废旧易拉罐送到那里。

带电的气球

当你用梳子梳头发时，头发是不是偶尔会竖起来？这就是产生了静电造成的。当不同物质相互摩擦时，电子会从一个物体跑到另一个物体上。

30分钟　需要家长监督　容易

你需要准备的

- 操作台
- 3个气球
- 羊毛制品（袜子或手套）
- 碎纸片（比如餐巾纸）
- 金属的勺子
- 1米长的棉线
- 清水
- 剪刀

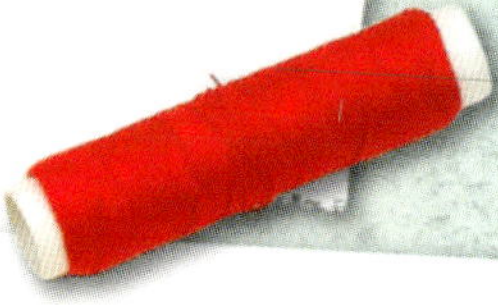

1a

吹起一个气球并且把气嘴扎紧。用羊毛制品摩擦气球，比如戴着羊毛手套摩擦。

1b

把气球放到碎纸片上方，看看会发生什么。

你还可以……

你也可以把带静电的气球放到头发附近，或是水龙头流出的细小水流旁边，看看会发生什么。

Q 气球能不能把纸片吸起来？

A 可以，因为气球表面产生了静电。用羊毛制品摩擦气球，在气球表面产生的电叫做静电。这是由于微小的电子从羊毛制品上跑到了气球上，从而让气球带上了负电。这种负电荷又会吸引带有正电荷的碎纸片。由于碎纸片很轻，所以静电产生的吸引力足以把它们吸上来。

2a

把金属勺子沾上水在气球表面摩擦。

2b

再把气球放到碎纸片上看看会有什么变化。

Q 我们能否摆脱静电的烦恼?

A 可以，用沾水的勺子摩擦气球可以避免产生静电。气球表面产生的静电被勺子上的水吸收了（因为水能够改变勺子与气球的接触）。此时的气球表面没有静电，也就不能把碎纸片吸起来。

3a

再吹起两个气球，用棉线把气嘴扎紧。用羊毛制品分别摩擦两个气球的整个表面。

3b

让你的帮手拿着棉线的一头，让气球自然垂在空中。此时你用另一个气球去接近这个气球，看看悬空的气球有什么变化。

Q 两个气球是不是相互排斥?

A 是的，因为产生了静电，所以两个气球靠近时会相互排斥，挨不到一起。你用羊毛制品摩擦气球之后，两个气球表面都产生了静电，而且都是负电荷。相同电荷总是想把对方推开（即产生排斥），所以两个气球没法挨到一起。

静电图形

有的复印机和电脑打印机就是依靠静电原理工作的。正是静电在纸上标记出了你看到的最终样品。让我们来看看这个过程是怎么实现的吧。

30分钟　不需要家长监督　容易

你需要准备的

- 操作台
- 塑料文件夹
- 滑石粉
- 筛子
- 密封用宽胶带或塑料的绝缘带
- 塑料托盘
- 厨房用纸巾
- 清水
- 剪刀

将一些滑石粉粉末撒在塑料托盘上，使用筛子可使滑石粉撒得更匀。

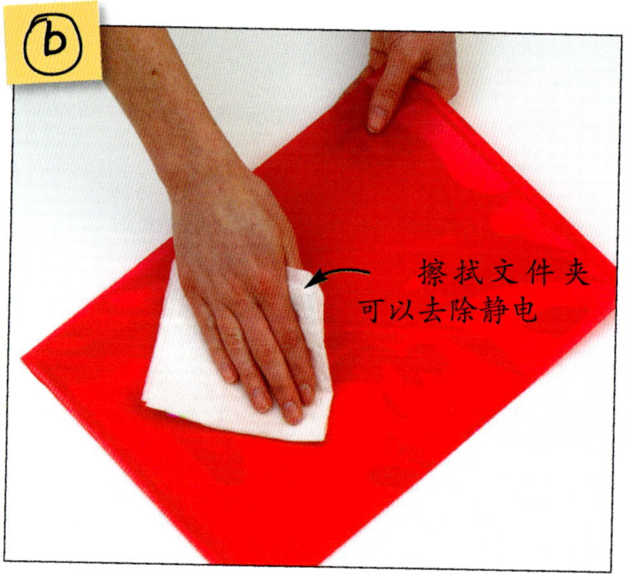

把厨房用纸巾沾湿，用它仔细擦拭塑料文件夹的两面，然后再用干纸巾把文件夹彻底擦干。这样就能保证文件夹表面不带静电。

c

用胶带在文件夹上贴出一个图案，比如一个符号。贴胶带时要用力按实，让胶带密实地粘在文件夹上，但是一定要留一个角，以便于随后将胶带撕下。

e

将文件夹翻过来，放到撒有滑石粉的塑料托盘上方，但不要直接把文件夹贴到托盘上，而是捏着两边让它悬空。

d

现在你就可以开始制作图形了。将文件夹放在桌面上，迅速地撕掉胶带。

f

现在你可以把文件夹反过来，看看会发生什么。

Q 文件夹上是不是出现了滑石粉的图形?

A 是的，这正是利用了静电的原理。因为胶带和文件夹是不同物质做成的，当你迅速撕掉文件夹上的胶带的时候，原本贴有胶带的位置就会产生静电。而静电又会将滑石粉中的微小颗粒吸引过来，于是就在文件夹上形成了你预留的图形。

简单的电路

手电筒有电就可以发光，它是怎么工作的？下面这个简单的实验可以向你说明如何制作一个能点亮灯泡的电路。

15分钟　不需要家长监督　容易

你需要准备的

- 操作台
- 1节1.5V的5号电池
- 短小结实的橡皮筋
- 剪刀
- 三段锡纸
- 2节1.5V的手电筒灯泡（不是LED灯泡）

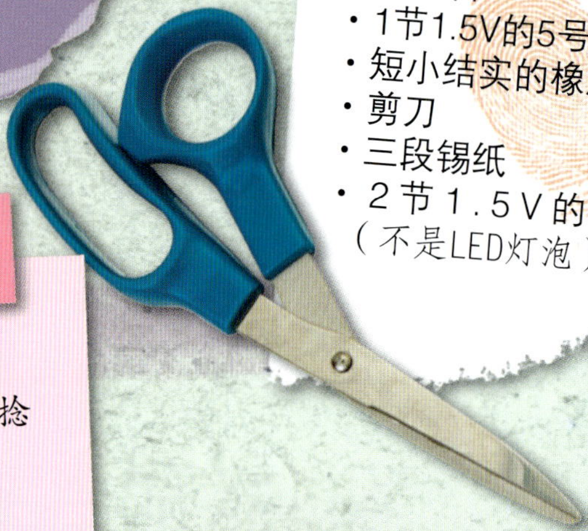

准备工作：制作电路

a

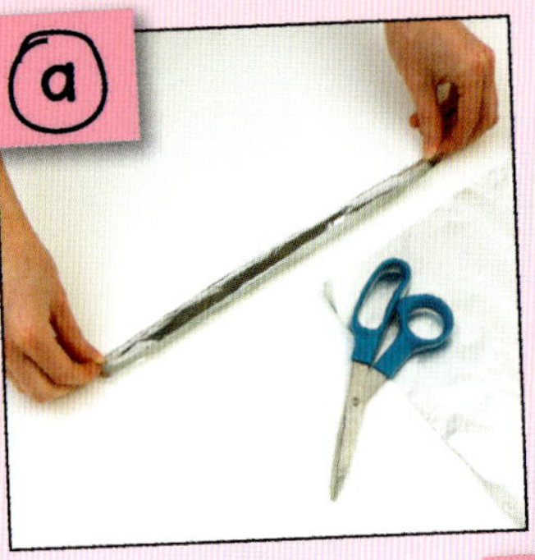

将每段锡纸捻成细线作为导线。

b

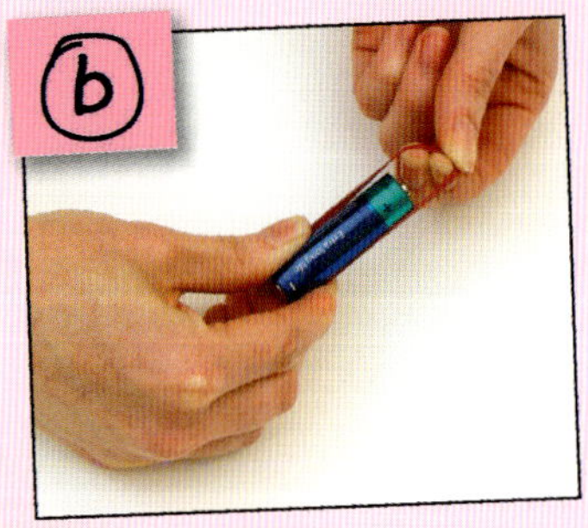

将小橡皮筋竖着套在电池两端的金属两极上。

c

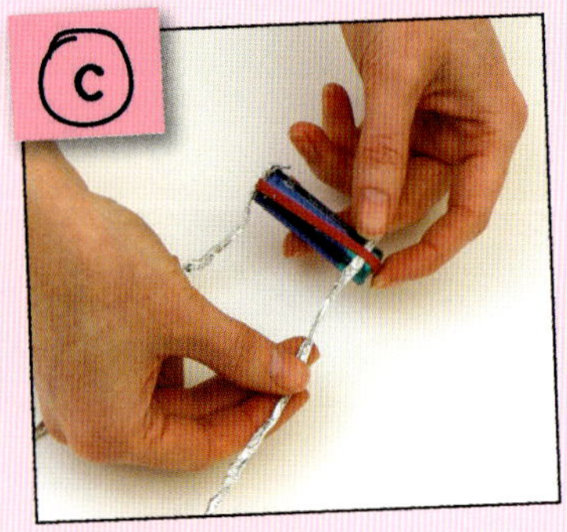

将锡纸捻成的导线分别通过橡皮筋固定在电池的两极上，注意此时不要让两端的锡纸碰到一起，否则就会形成电流。

d

手电筒灯泡上也有两个电极（接点）。一个是灯泡玻璃罩下面的金属基座（螺旋灯座或卡口灯座）；另一个是在灯泡的底部。把一根锡纸做的导线缠绕在灯泡的金属灯座上，并拧紧固定住，注意不要让这条导线碰到灯泡的底部。

①
如果锡纸导线缠不住灯泡，可以用细胶带固定。

用灯泡的底部接触另一根锡纸导线。

2a 把第二根锡纸导线缠在另一个灯泡底部的金属基座上。

2b 将第三根锡纸做成的导线放到桌面上。

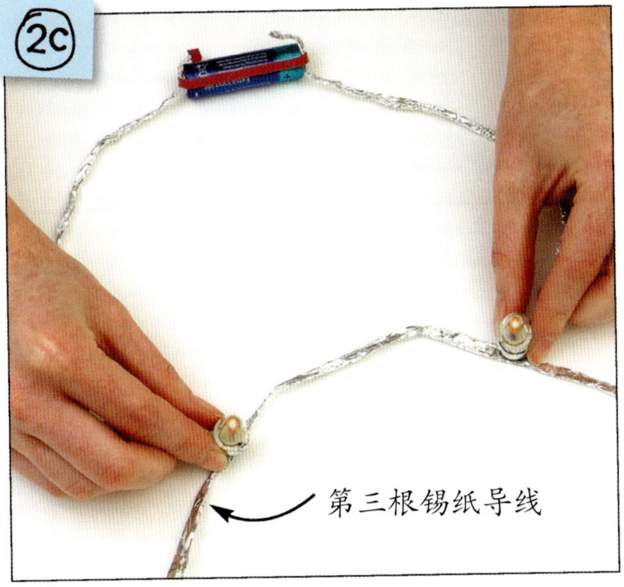

用两个（通过锡纸导线与电池连接着的）灯泡的底部同时接触第三根锡纸导线，此时又会发生什么呢？

Q 电池是怎么让灯泡发光的？

A 通过锡纸导线使灯泡的两极连接到了电池上，你制作的这个回路就叫直流电路。电沿着电路流动，形成电流。电池就像一个推动电流流动的动力泵。电流从标有 +（正极）的一端流出，再从标有 -（负极）的一端流回。当电流经过灯泡时，灯泡就会发光了。

③
把两个灯泡缠到同一根锡纸导线上。

现在把两个灯泡都缠到第一根导线上，然后让灯泡的底部接触另一根导线看看会有什么结果。

Q 你能让两个灯泡变得更亮吗？

A 是的，电流同时经过两个灯泡，灯泡亮度比电流先后经过两个灯泡时更亮！我们把这种灯泡的连接方式叫“并联”。

Q 如何点亮两个灯泡？

A 灯泡的这种连接方式叫“串联”！电流从电池流出，先经过一个灯泡，然后再经过另一个灯泡，最后又回流到电池。此时两个灯泡的亮度都比较昏暗。

导体和绝缘体

有的物质可以让电流顺利地通过，有的物质则完全不允许电流通过。下面这个实验可以帮你判断它们究竟是导体还是绝缘体。

15分钟　不需要家长监督　容易

你需要准备的

- 一节1.5V的5号电池
- 短小结实的橡皮筋
- 一个1.5V的手电筒灯泡（不是LED灯泡）
- 两段锡纸（尺寸为2×20厘米）
- 剪刀
- 纸
- 笔
- 不同物质制成的物品，比如纸张、木头、塑料和金属

准备工作：制作电路

如何制作简单的电路详见第16页，此处只需要两根锡纸做的导线。

a

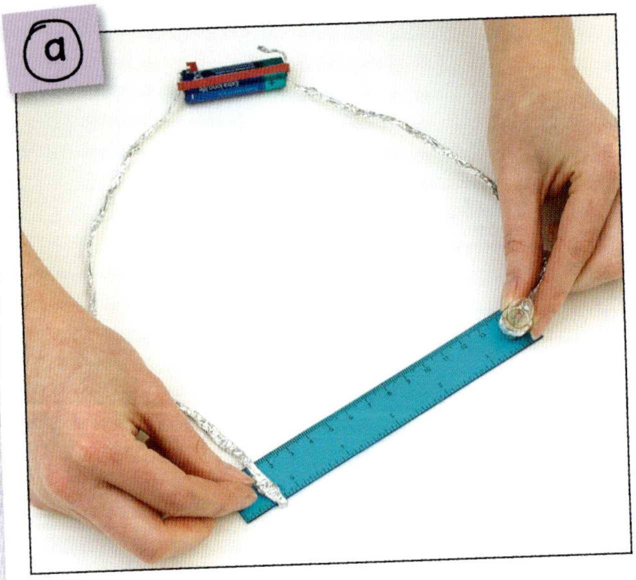

用灯泡的底端和另一根锡纸导线同时接触塑料尺子或铅笔的两端，看看发生了什么？

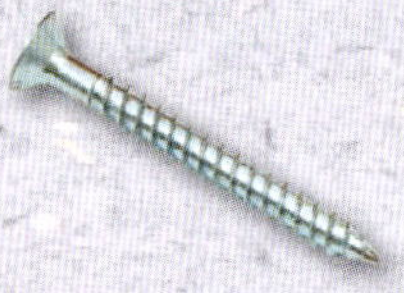

ⓑ 同样的方式，将塑料尺子换成其他物品，并按照下面的表格做记录。要记清每个物体的名称，它是由什么物质制成的，以及实验的结果。如果灯亮了就画个“√”，如果灯没亮就画个“×”。

物体	材质	×√
圆珠笔	塑料	×
尺子	塑料	
曲别针	金属	
书	纸张	
铅笔	木头	

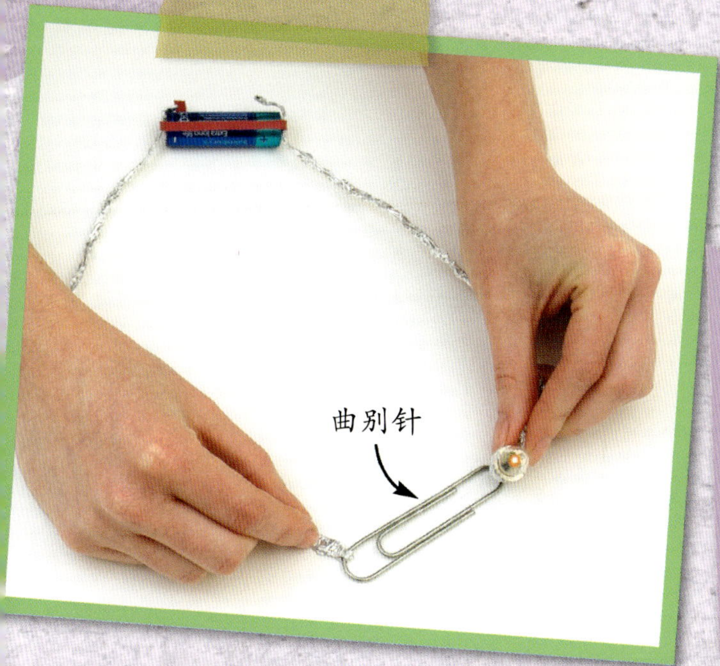

Ⓠ 哪些物质能够允许电流通过?

Ⓐ 金属允许电流通过，灯泡亮起来了。金属是导体。其他物质，比如纸张、木头和塑料不允许电流通过。它们是绝缘体。

感测电流

我们怎么才能知道电流是否在沿着导线流动？这就需要一个感测器，比如指南针。如果指南针的指针移动了，就说明它的附近有通电的导线存在。

30分钟　需要家长监督　很难

你需要准备的

- 1节1.5V的5号电池
- 短小结实的橡皮筋
- 2米长的有绝缘外皮的电线
- 1.5V的手电筒灯泡（不是LED灯泡）
- 双面胶
- 剪刀
- 两段锡纸（尺寸为2×20厘米）
- 细胶带
- 剥皮器或小刀
- 指南针

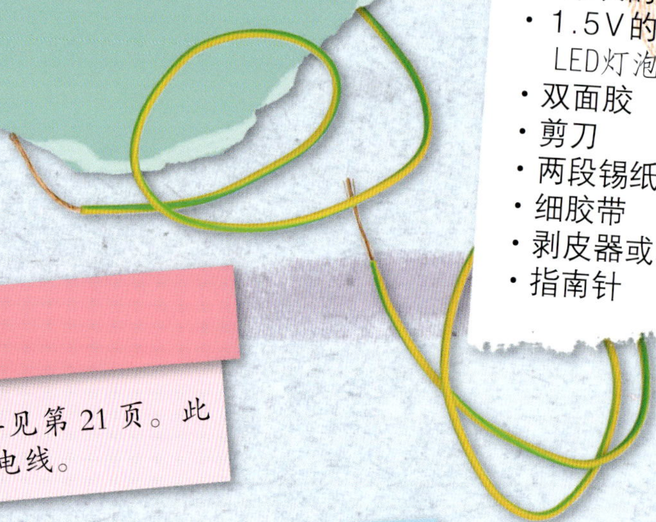

准备工作：给电线剥皮

给电线剥皮的方详见第21页。此处需要两条长约一米的电线。

1a

把指南针正面朝上放到一根锡纸导线上，然后用另一根导线上的灯泡底部接触这根导线，形成完整的电路，让灯泡发光。

1b

现在移开灯泡，指南针的指针有什么变化吗？

Q 你能感测到电流吗？

A 可以，指南针的指针可以感测到电流。当电流通过锡纸导线时，导线变成了一个磁性微弱的磁体。由于指南针的指针也是磁体，所以就会出现晃动。

准备工作： 给电线剥皮

让家长帮你把电线一头的绝缘皮剥掉2厘米。可以用剥皮器，也可以用小刀。

准备工作： 制作电流感测器

按图中所示的方法
把电线缠在指南针上，
否则感测器无法工作。

把电线缠在指南针上两端，并各留出20厘米。用细胶带将电线固定在指南针上。

Q 如何能让电流感测器更灵敏？

A 把电线缠到指南针上就可以了。在电路接通而且有电流通过时，这种缠绕的方法可以让指南针变得磁性更强。指南针磁性越强，它的指针对电流的感测就越灵敏。

②

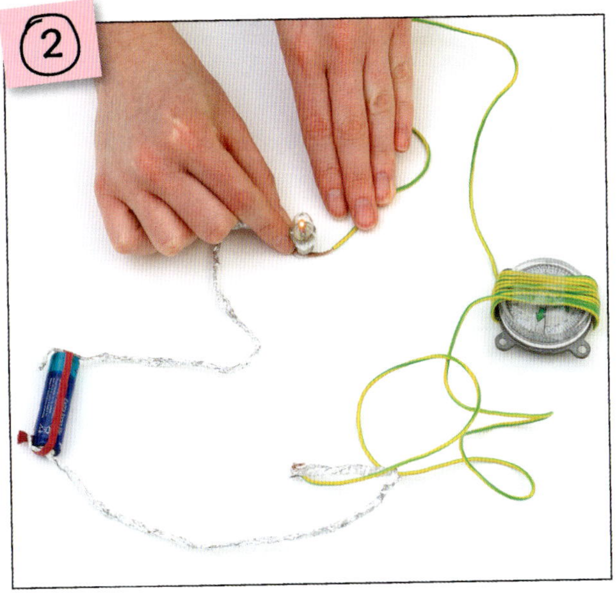

将电线剥去绝缘外皮部分的一端与锡纸导线连接，另一端与灯泡底部连接。此时电线中会有电流通过。指南针的指针有什么变化吗？

电池电源

30分钟　需要家长监督　很难

所有的电子产品都需要有电源供电才能工作。电池就是一种电源。电池是通过化学物质来供电的。在下面的实验中，你就会看到电池是如何工作的。

你需要准备的

- 铜币或铜质电线
- 镀锌的钉子或螺丝钉
- 食盐
- 玻璃杯
- 晾衣夹
- 胶带
- 剥皮器或小刀
- 水壶
- 清水
- 茶匙
- 两段有绝缘外皮的细电线，每段长50厘米
- 一根2米长的有绝缘外皮的细电线

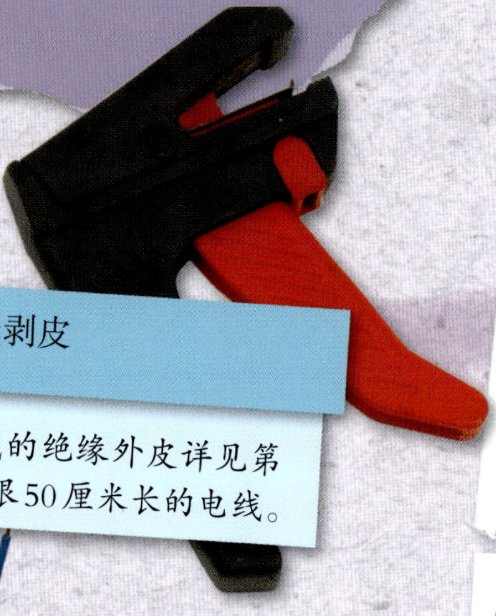

准备工作：给电线剥皮

如何剥去电线的绝缘外皮详见第21页，此处需要两根50厘米长的电线。

拿一根电线，把已经剥去绝缘外皮的铜芯紧缠在螺丝帽下面。

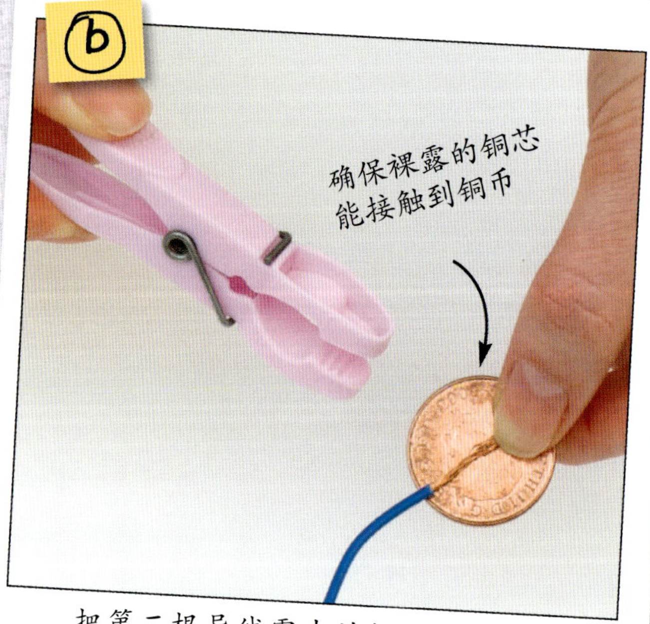

把第二根导线露出的铜芯放到铜币上，用晾衣夹固定住。

准备工作：制作电流感测器

如何制作电流感测器详见第 21 页。

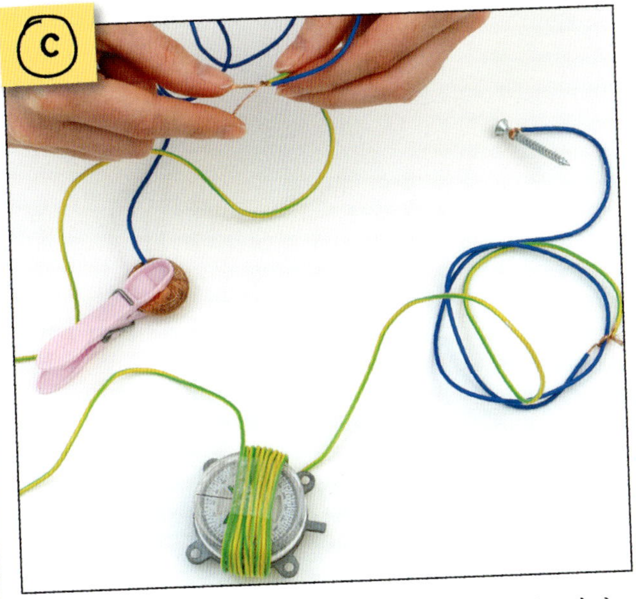

将前面准备好的两个导线露出的铜芯分别与电流感测器的导线两端拧在一起。用胶带将电流感测器固定在桌面上（以免它在此后的实验中随意移动）。

在玻璃杯中注满水，加入几勺食盐。把缠着导线的螺丝钉放入盐水中。

慢慢地将铜币放入水中（不要让铜币碰到螺丝钉）。同时，仔细观察电流感测器的指针，看看会发生什么？看看把铜币拿出来又会发生什么？

Q 铜币和螺丝钉一起是不是能产生电流？

A 是的，当二者被同时放入盐水时，就产生了电流。螺丝钉和铜质钱币是由两种不同材质制造的（螺丝钉表面镀了锌，而钱币是铜质的）。水中包含的微小粒子都是带电的。不同的金属使这些粒子在水中移动，于是就形成了电流——你能看到电流感测器上的指针轻轻晃动。电池正是利用类似的原理产生电流的。

神奇的磁体

这个实验可以说明电流可以用来制造磁体，这种磁体能吸引细小的金属物体。而且，这个实验还说明，你可以控制它有没有磁性。

你需要准备的

- 操作台
- 大钢钉（或螺丝钉）
- 1米长的有绝缘外皮的细电线
- 一节1.5V的5号电池
- 双面胶
- 曲别针
- 胶带
- 剥皮器或小刀
- 短小结实的橡皮筋

准备工作：给电线剥皮

给电线剥皮的方法详见第 21 页。此处需要两条长约一米的电线。

准备工作：制作电磁体

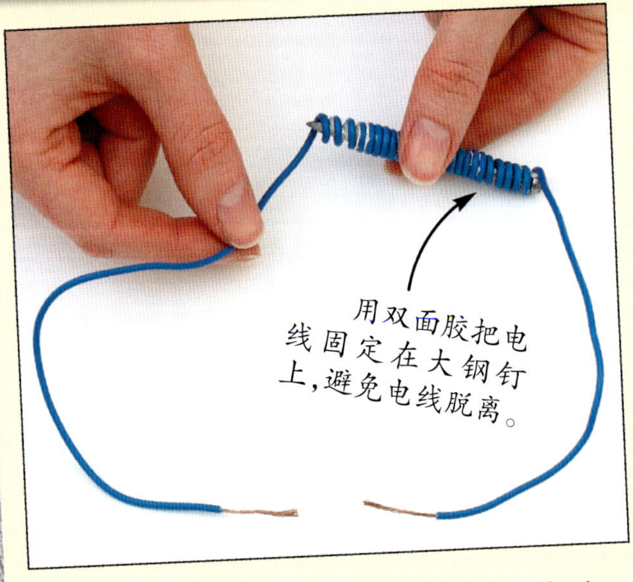

用双面胶把电线固定在大钢钉上，避免电线脱离。

取一根电线，从距离顶端 10 厘米的部分开始紧紧地缠满整根钢钉。

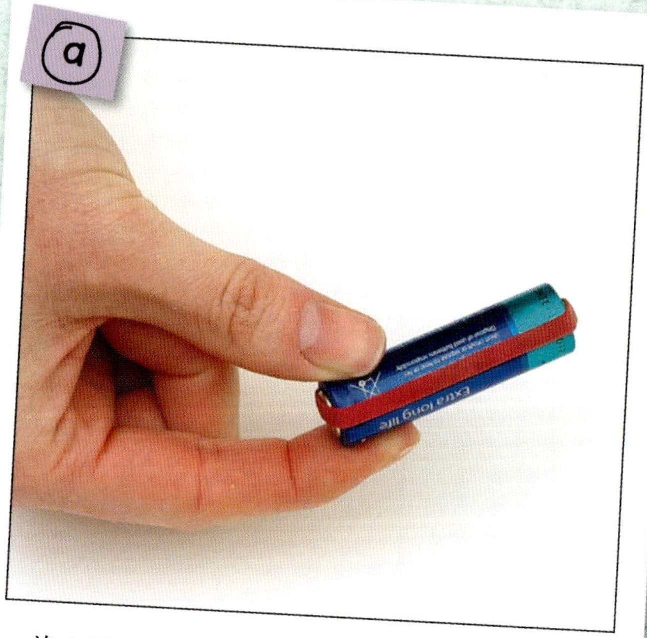

将小橡皮筋竖着套在电池两端的金属上。

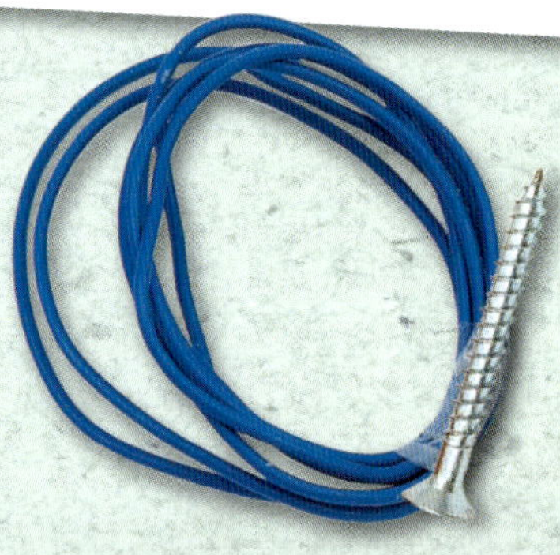

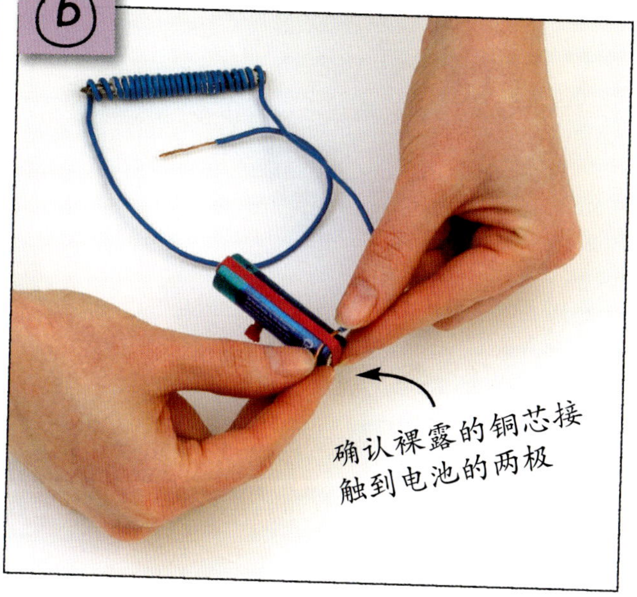

将缠在钢钉上的电线的两端分别连接到电池的两极，一个电磁体就做成了。

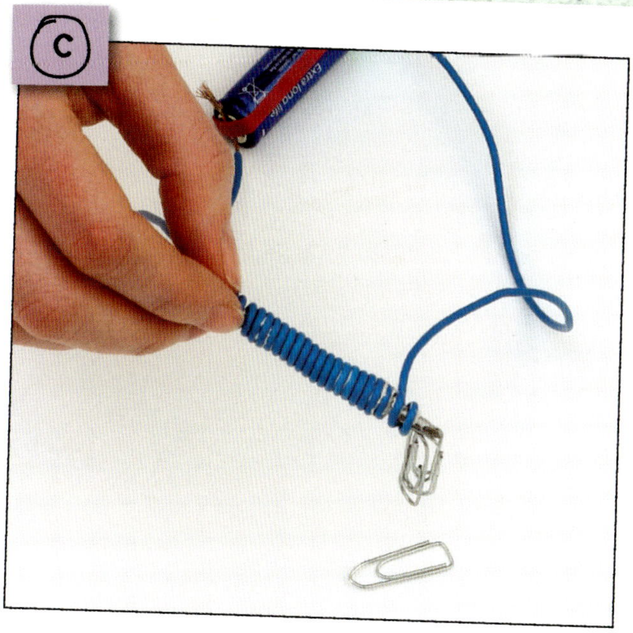

在操作台上放几个曲别针。捏住电磁体的钉帽，用钉子尖挨近曲别针。看看曲别针会有什么反应。注意电磁体连接电池的时间不要超过几秒钟，否则电流持续通过钉子会使钉子变烫。

Q 电流能吸引曲别针吗?

A 是的，电流把钢钉或螺丝钉变成了电磁体。这种简易的电磁体能够吸引曲别针是因为曲别针是由钢铁制成的。但是一旦断开与电池的连接后，就不再有电流通过钢钉或螺丝钉，电磁体就不再有磁性，所以原本被吸上来的曲别针都掉到了桌面上。

d

几秒钟之后，断开电线与电池的连接，看看曲别针会怎样。

你还可以……

你还可以将两节电池串联起来，比如用一根锡纸做的导线连接两节电池（要确认两节电池的正负方向是一致的）。电池越多，你制作的电磁体磁性就会越强，看看你现在是不是可以吸引起更多的曲别针了?

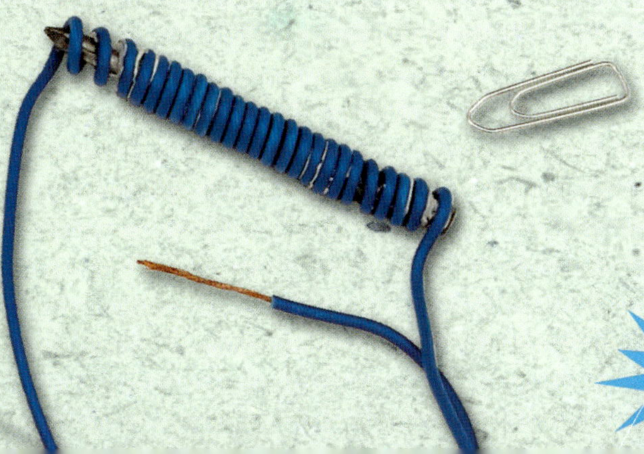

嗡嗡的声音

30分钟　需要家长监督　较难

有了电磁体，你就可以通过接通或关闭电路的方法来制造嗡嗡的声音。这个实验可以告诉你如何制作一个蜂鸣器。

你需要准备的

- 操作台
- 中号金属曲别针
- 胶带
- 铝制空易拉罐
- 剪刀
- 1.5V的5号电池
- 结实的橡皮筋
- 锡纸（尺寸为2×20厘米）
- 一个大钢钉
- 1米长的有绝缘外皮的细电线
- 剥皮器或小刀

准备工作：制作电路

如何制作简单的电路详见第16页，此处只需要一根锡纸做的导线，也不需要连接灯泡。

准备工作：制作电磁体

如何制作电磁体详见第24页。

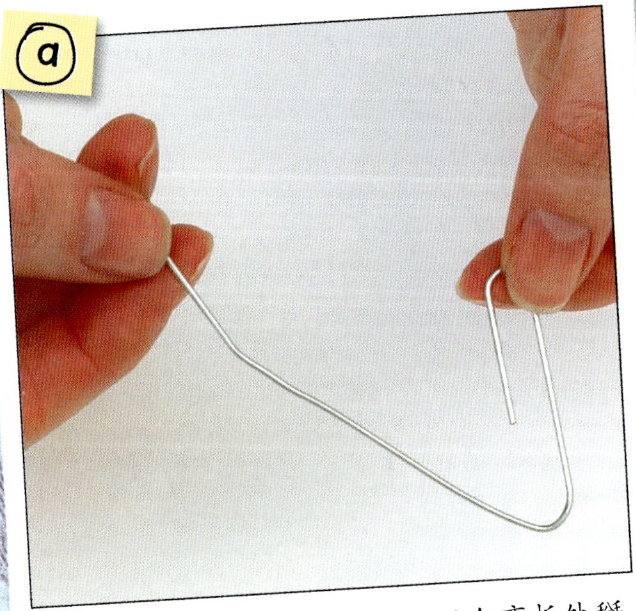

取一个曲别针，把它的两个弯折处掰直，只留最后一个弯折，这样它就变成了一根末端有弯钩的铁丝。

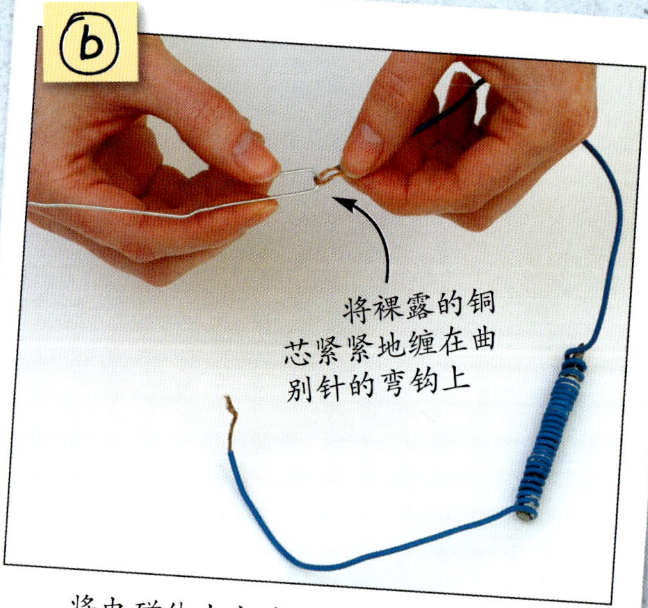

将裸露的铜芯紧紧地缠在曲别针的弯钩上

将电磁体上电线一头裸露的铜芯缠在曲别针的弯钩上。

c

把曲别针已掰直的一段用胶带固定在操作台上。末端轻轻地向上掰一下，使它距桌面的高度为 2 厘米左右。

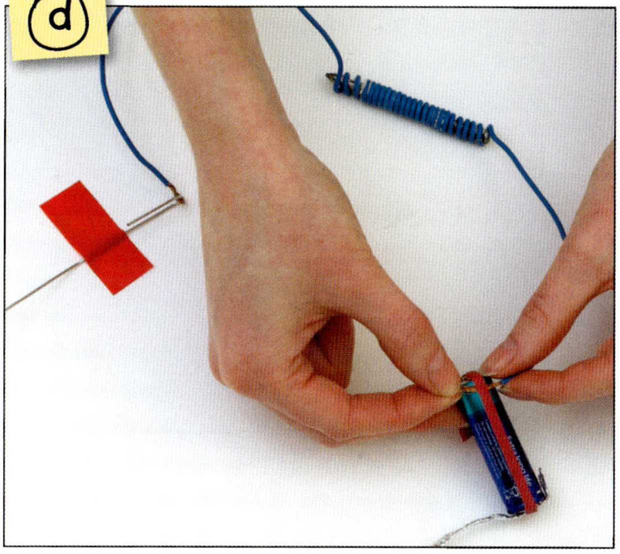

d

将电磁体的另外一头铜芯通过橡皮筋固定到电池一端的电极上。

e

请家长帮忙将易拉罐上的颜色刮掉，露出里面的铝皮。将简易电路另一端的锡纸导线连接到易拉罐的底部。

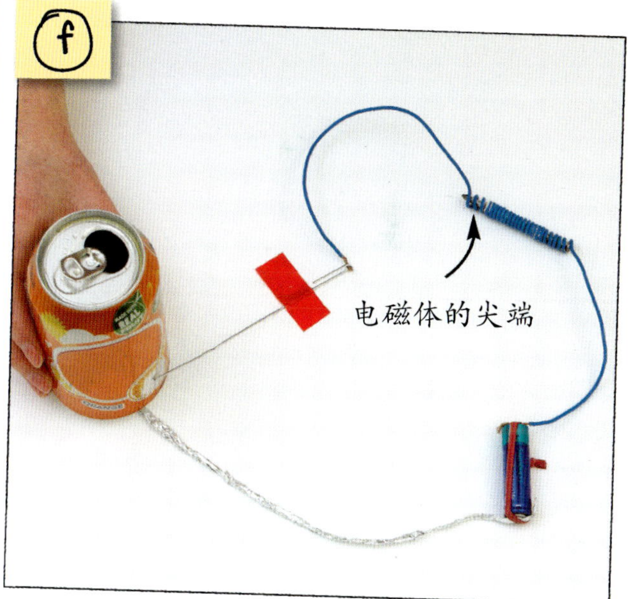

f

把易拉罐放到固定在桌面上的曲别针旁边，让长铁丝翘起的末端正好接触到易拉罐的一块铝皮上。

g

慢慢将电磁体的尖端向曲别针掰成的长铁丝中部移动，你能听到什么？如果实验没有成功，可以继续调整电磁体和曲别针之间的位置。

Q 电磁体是不是可以制造嗡嗡声？

A 是的，我可以制作一个蜂鸣器。 蜂鸣器的各个部分实际上形成了一个电路。电流从电池流出，通过易拉罐、曲别针和电磁体，最后又流回电池。当电磁体靠近曲别针时，曲别针受到它的吸引力，就会断开与易拉罐的连接。这样电路也就断开了，同时电磁体也就失去了吸引曲别针的磁性，于是曲别针又回到原位，再次接触到了铝罐，重新连通了电路，于是之前的一切又会重演。曲别针这样反复不断地碰触易拉罐，就会发出嗡嗡的声音。

神奇的移动电线

在本书中介绍的其他实验中，我们已经看到电流可以制作磁体，电流和电线可以让磁体移动。这里我们再做一个实验，看看电流和磁体能不能让电线移动。

30分钟　需要家长监督　较难

你需要准备的

- 操作台
- 一节1.5V的5号电池
- 两段锡纸（尺寸为2×20厘米）
- 短小结实的橡皮筋
- 三段铜质电线，其中一段长6厘米，另外两段分别长12厘米
- 一块条形磁铁
- 剥皮器或小刀或钳子
- 剪刀

准备工作： 制作电路

如何制作简单的电路详见第 16 页，此处只需要一根锡纸做的导线，也不需要连接灯泡。

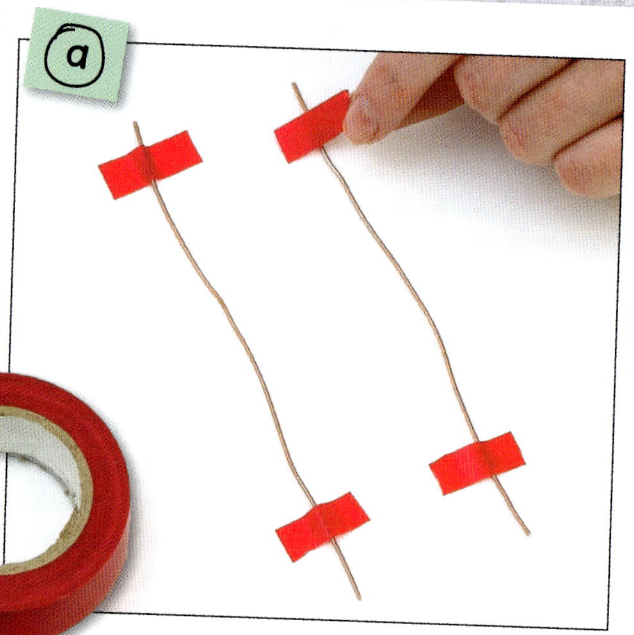

将两段 12 厘米长的电线用胶带平行固定在桌面上，间距为 4 厘米左右。

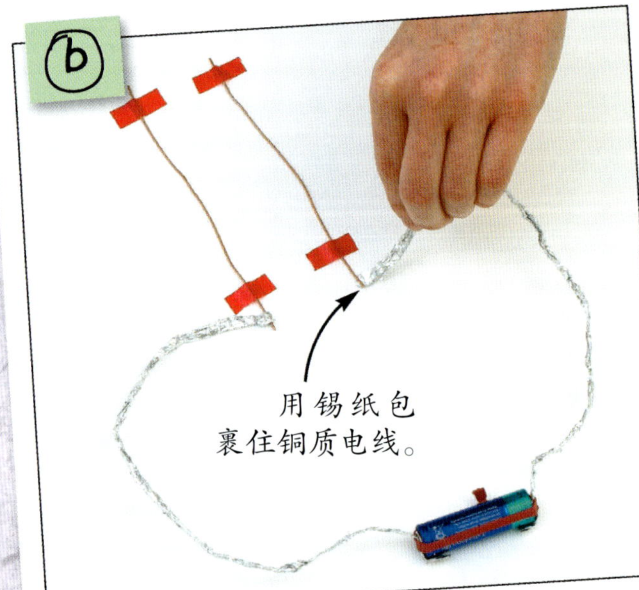

把你准备好的简易电路上的锡纸导线的两端，分别连接在两段铜质电线的一端。

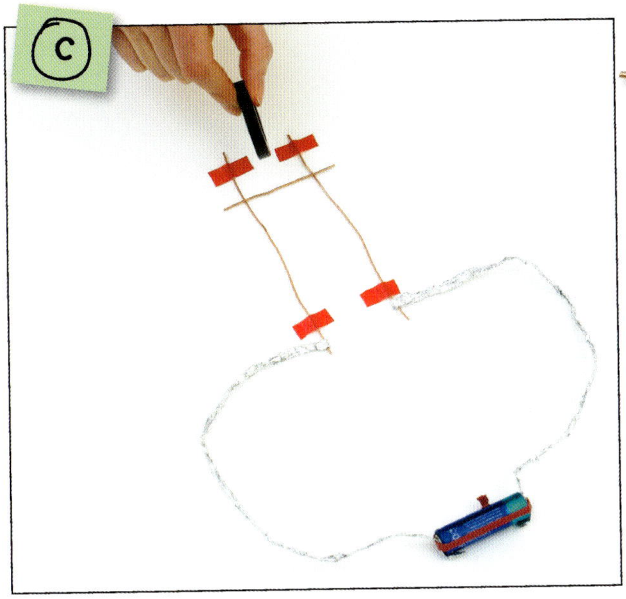

把剩下的一根短电线横搭在两根长电线上，使电路连通。手握条形磁体的一端，让它靠近短电线中间的位置，看看会发生什么。不要把短电线长时间地搭在两条长电线上，否则就会很快用光电池的电量。

Q 磁体能让铜质电线移动吗？

A 可以，只要把磁体靠近联通电流的电线就可以。当电流通过铜质电线时，电线本身就带有磁性。条形磁铁的靠近会在铜质电线周围产生磁场，使电线移动。这种作用被称为电动机效应。所有的电动机都是利用这个原理工作的。

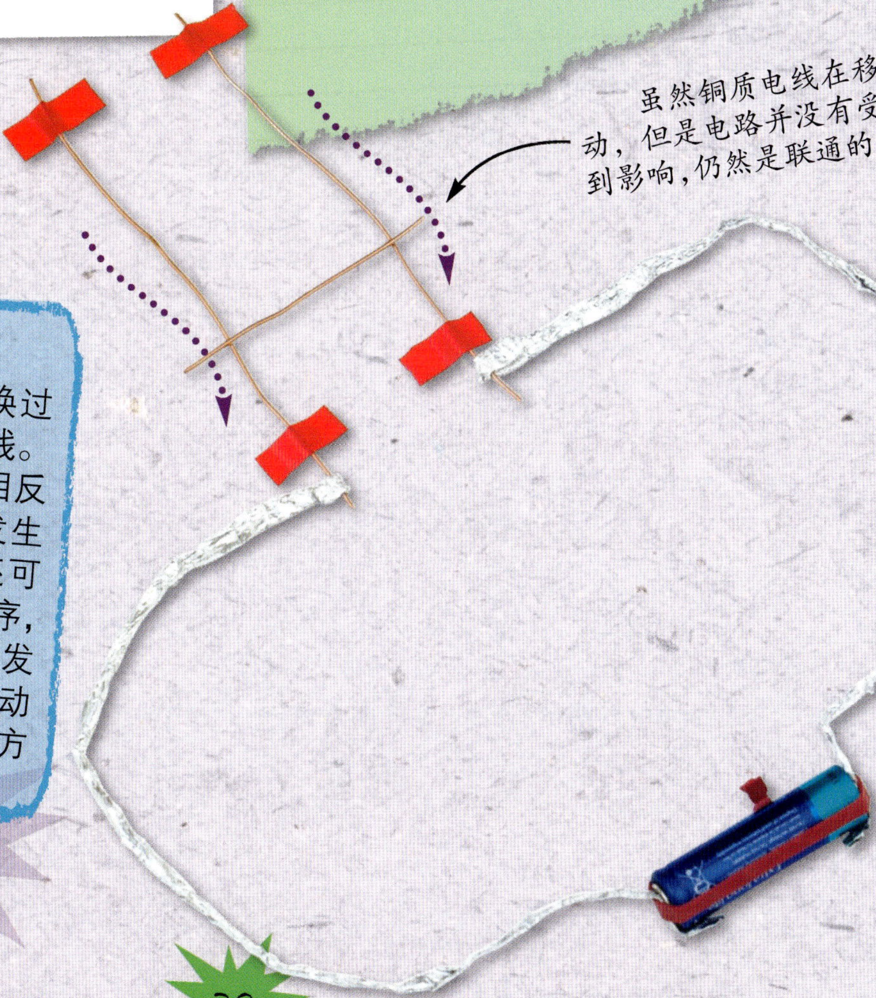

虽然铜质电线在移动，但是电路并没有受到影响，仍然是联通的。

你还可以……

将你手中的条形磁铁调换过来，用它的另一端接近短电线。可以看到短电线会向与此前相反的方向移动。这是因为此时发生作用的是磁铁的另一极。你还可以试试交换锡纸导线连接的顺序，使两根长电线连接的电池电极发生交换，这也会导致短电线移动方向的变化，因为此时电流的方向与原来相反了。

电流和食盐

有些液体是允许电流通过的，通过这个实验你可以看到，电流是如何在盐水中通过的。

15分钟　不需要家长监督　很难

你需要准备的

- 操作台
- 玻璃杯
- 一节1.5V的5号电池
- 橡皮筋
- 食盐
- 2米长有绝缘皮的细电线
- 两段锡纸（尺寸为2×20厘米）
- 胶带
- 剥皮器或小刀
- 剪刀
- 指南针
- 清水

准备工作：制作电路

如何制作简单的电路详见第16页，此处只需要一根锡纸做的导线，也不需要连接灯泡。

准备工作：制作电流感测器

如何制作电流感测器详见第21页。

将电流感测器一端的电线与电池的电极相连，用橡皮筋固定（电池的另一极上连接锡纸导线）。

b

在玻璃杯中注满水。把电池上的锡纸导线折一下挂在杯沿上，使杯子中的一端浸入水中。再取另一根锡纸导线，也像第一根一样挂在杯沿上，一端浸入水中。

d

往水中加入一勺食盐并轻轻搅拌均匀。再重复上一步试试，这次感测器的指针有变化吗？

c

将第二根锡纸导线的另一端连接到电流感测器的另一根电线上。看看感测器的指针有什么变化。

Q 食盐能让电流流动吗？

A 可以，往水中加入食盐后，电流变得更强了。当锡纸导线与感测器的电线连通后，电路就联通了，感测器可以感测到电流。杯子中是清水时，电流比较微弱。往水中加入了食盐之后，感测器的指针晃动得强烈了，说明电流增强了。这是因为食盐在水中分解为带电的微粒，有助于电流在水中通过。

记录实验结果

　　你可以在这里记录实验结果。比如写每个实验是否成功，还有你从中学到了什么知识。你也可以写你觉得这些实验是不是很有趣。

　　在这里留下一张你作为小科学家做实验的照片吧！

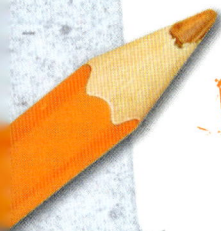

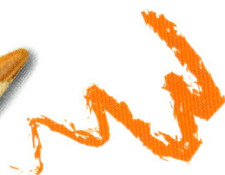

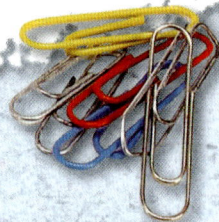

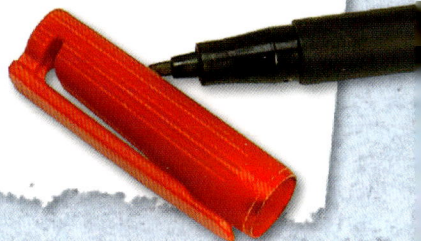

问答时间

准备好，让我们测试一下你从实验中学到了哪些知识吧。你可以把答案写到一张纸上，然后再和第 40 页上的正确答案进行比较。不许偷看哦！

问题2的图片提示

下列空白处应该填什么？

1. 气球带有______的时候，能够吸引起碎纸片。
2. 当你用导体把电池和灯泡连接起来的时候，你就制作了一个完整的回路，这个回路叫做______。
3. 在电路中流动的电，被称作______。
4. 电池一端标有“+”号的一极叫做______。
5. 电池一端标有“-”号的一极叫做______。

问题8的图片提示

下列各句空格处应该填什么？

6. ______能够提供让电流在电路中流动的动力。
7. 不允许电流通过的物体叫做______。
8. ______能够帮助我们感测电线中是否有电流经过。
9. 带有同样电荷的物体接近时会发生______。

判断对错

10 两个都带正电荷的物体会相互吸引。

11 复印机的工作原理是静电原理。

12 如果你用气球在头发上摩擦，你的头发会竖起来。

问题12的图片提示

选择题

13 电流同时流过两个灯泡的连接方式被称作并联？双联？还是关联？

14 金属是导体？绝缘体？还是传送体？

15 把钉子和铜币放在哪里能够产生电流？清水、盐水还是热水？

16 如果两个灯泡串联起来，灯光是会熄灭？变暗？还是变亮？

问题15的图片提示

你还记得吗？

17 我们能避免静电吗？

18 电流能通过塑料吗？

19 水是导体吗？

20 磁体可以让导线移动吗？

问题20的图片提示

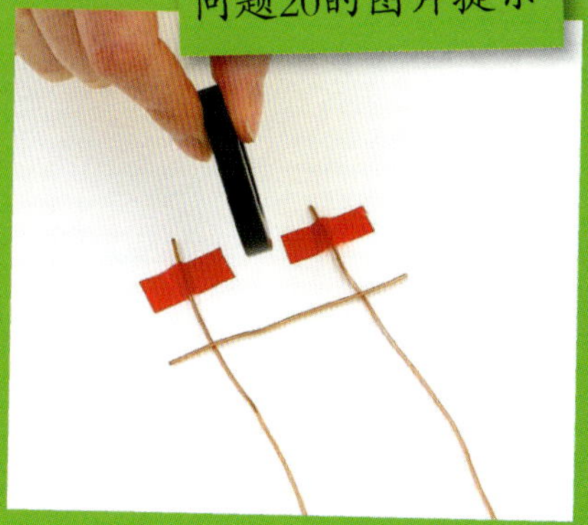

下面还有更多问答题

看图解题

21 在橙色框的 3 幅图片中，哪个物体能让电流通过？

22 在紫色框的 2 幅图片中，哪个物体能够用来制作电流感测器？

23 在绿色框的 2 幅图片中，哪种摩擦气球的方式不会产生静电？

24 在红色框的 3 幅图片中，哪张图片里显示的是电磁体？

25 在蓝色框的 3 幅图片中，哪张图片里显示的物体能够提供电流流动的动力？

词汇表

吸引：两个带有不同电荷的物体受力相互接近（排斥的反义词）。

电荷：使粒子相互吸引或排斥的特性，分为正电荷和负电荷两种。

电路：让电流可以从中流动的回路。

导体：像铜之类的，能够允许电流通过的物质。

感测器：能够检测出是否有电流存在的装置。

电磁体：只在有电流通过时才能产生磁力的磁体。

绝缘体：像橡胶之类的，不允许电流通过的物质。

磁场：围绕在磁体周围的区域，该区域中能够感测到磁力。

负电荷：物质获得了自由电子时，就会带负电荷。

并联电路：等量的电流可以同时通过两个物体的电路叫做并联电路，比如同时点亮两个灯泡的电路。

正电荷：物质失去本身具有的电子时，就会带正电荷。

排斥：两个带有相同电荷的物体受力相互远离（吸引的反义词）。

串联电路：电流只能依次通过两个用电物体的电路叫做串联电路，比如电流先经过一个灯泡，再流向第二个。

电极：电池的两端。一个是正极，一个是负极。

索引

答案

1.静电 2.电路 3.电流 4.正极 5.负极 6.电池 7.绝缘体 8.感测器 9.排斥 10.错误 11.正确 12.正确 13.并联 14.导体 15.盐水 16.变暗 17.能 18.不能 19.是 20.可以，只要将磁体接近联通电流的电线就可以 21.b和c 22.a 23.b 24.b 25.a

超级科学

光和声音的实验

图书在版编目（CIP）数据

光和声音的实验 /（英）奥克雷德著；党博译．—北京：同心出版社，2015.3
（超级科学）
ISBN 978-7-5477-1521-5

Ⅰ．①光… Ⅱ．①奥… ②党… Ⅲ．①光学—科学实验—少儿读物②声学—科学实验—少儿读物 Ⅳ．① O43-33 ② O42-33

中国版本图书馆 CIP 数据核字 (2015) 第 082178 号

超级科学
光和声音的实验

策 划 人 / 龙　飞
责任编辑 / 王　莹
项目编辑 / 杨　敬
装帧设计 / 吴　萍

出版 / 同心出版社
地址 / 北京市东城区东单三条 8-16 号 东方广场配楼四层
邮编 / 100005
发行电话 / （010）88356856　88356858
印刷 / 北京海纳百川旭彩印务有限公司
经销 / 各地新华书店
版次 / 2015 年 8 月第 1 版　2015 年 8 月第 1 次印刷
开本 / 210 毫米 ×285 毫米　1/16
印张 / 2.5
字数 / 40 千字
定价 / 15.00 元

超级科学

光和声音的实验

（英）克里斯·奥克雷德 著

党 博 译

北京日报报业集团
同心出版社

目 录

我们将学到光和声音的知识，包括光是如何传播的，以及为什么我们能听到声音。

试验时间！

声音可以被看到吗？
详见第25页

光和声音谁的速度快？
详见第27页

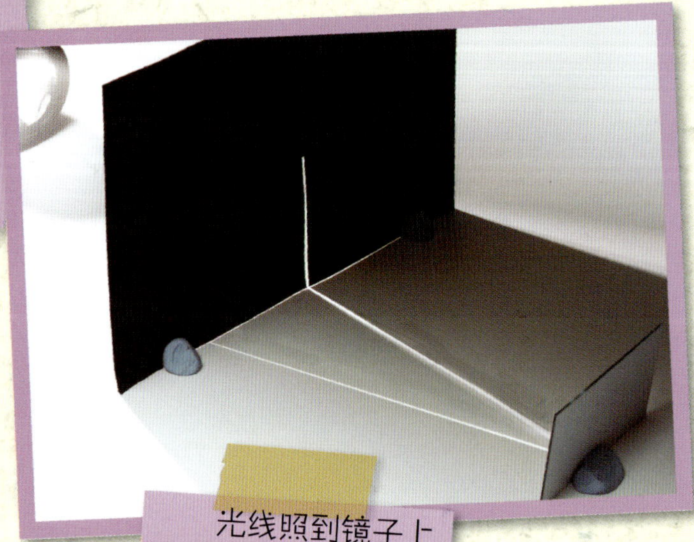

光线照到镜子上会发生什么？
详见第15页

家长监督说明

家长监督与实验风险

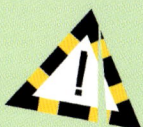

·本书中的所有实验对孩子来说都是安全的，但有些实验最好在家长的监督下进行。这主要是由于实验中需要孩子点燃蜡烛，或使用剪刀、小刀等锋利的工具，或使用食用色素等材料。凡此类实验旁边都会标有“需要家长监督”的标志。

·家长在开始陪同孩子做实验前，请与孩子一起阅读本书的使用说明。

·在做实验前，家长要先对可能出现的危害做好预防措施，以避免意外发生。如果孩子留有长发或穿着宽松的衣服，请将头发扎起来并将衣服扎紧。

·使用火柴和剪刀等物品后，记得要放回到安全的地方。

你还可以……

其他相关实验

本书中还提到了一些其他相关实验，家长可以指导孩子自主进行。家长还可以在网上搜集更多类似的实验方法。这样的科学实验网站有很多：

www.kids-science-experiments.com 这个网站上有很多适宜孩子做的简单有趣的实验。

www.sciencebob.com/experiments/index.php 按照网站上详细明确的指导进行实验，可以让孩子几个小时都玩不腻。

www.tryscience.org 这个网站信息充足、娱乐性强，色彩丰富，还有很好的互动性。

什么是光

光是一种看得见的能量。所有生物都离不开光。我们种植作物需要光，想要看到身边的物体也需要光。在很久以前，人们依靠火光、烛光或油灯生活。现在我们可以用电或天然气照明。

热 光

光通常是由非常炙热的物体上发出的，比如灯泡或是火焰。发光的同时，热量也会被释放。光线最主要的来源就是太阳。太阳的光线就是以热能和光能的形式穿过太空，传播到地球上的。

光是如何传播的

光是沿直线传播的，也叫做光线。光线如果被反射，或是穿过其他物体或物质，则光线的方向会发生变化，但变化后的光线仍然沿直线传播。

冷 光

一些动物本身可以发出一种不发热的光。比如萤火虫之类的昆虫，身体上的某一部位可以发光。另有大约 1500 种深海鱼类也可以发光。

折 射

如果把一根吸管插入水中，你会发现吸管中间好像弯折了。这是因为光线在穿过水的时候传播方向发生了变化。这种传播方向的变化叫做光的折射。

反 射

当光线照射到一块平滑的表面上，比如一面镜子，那么光线就会被这个平面反射（反弹）。光线以什么样的角度射向镜子，就会以什么样的角度被反射出去。

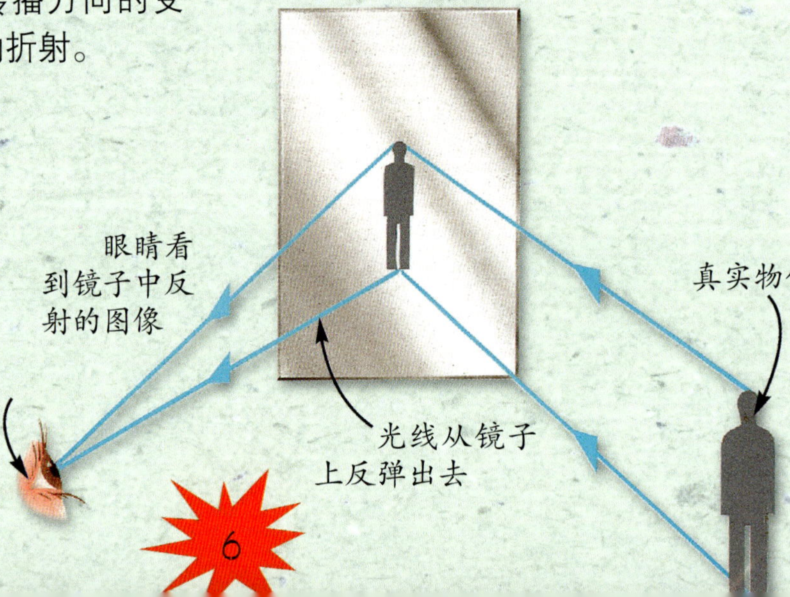

什么是声音

我们能听到的大部分声音，无论是微风拂过的声音，还是喷气机轰鸣的声音，事实上都是由于空气振动产生的。任何声音都是由物体振动产生的。物体振动就会带动空气振动，这种振动就会通过空气传播到我们的耳朵里。这种通过空气传播的振动就叫做声波。

耳朵内部构造

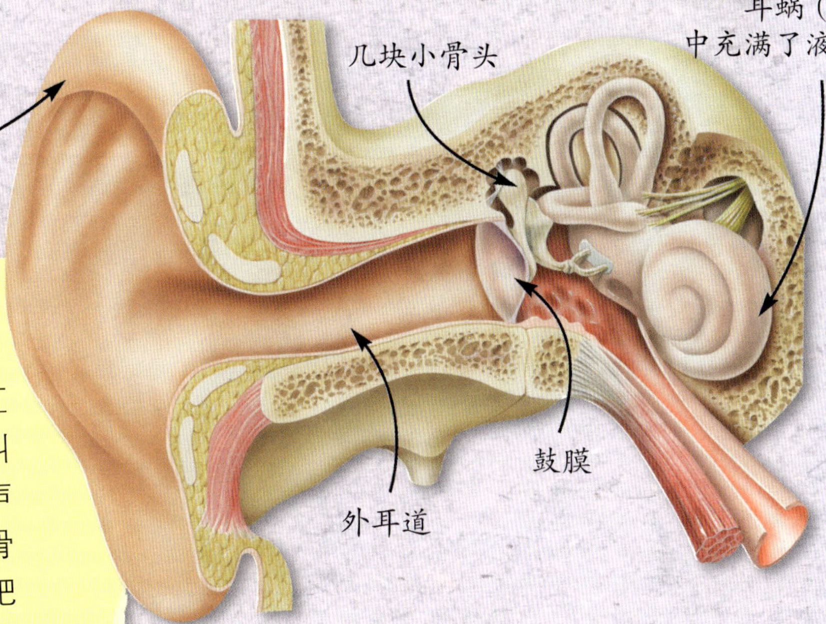

我们是怎么听到声音的

外耳像个漏斗一样把声波汇集到我们的耳朵里。声波穿过叫做耳道的管状通道到达鼓膜。声波使得鼓膜和中耳里的几块小骨头一起振动。这些小骨头又会把振动传给内耳中的耳蜗，那里的神经细胞会把振动转换成信息传递给我们的大脑，这样我们就能知道自己听到的是什么声音了。

树叶发出的沙沙声：10 分贝

人和人交谈：40 分贝

打雷：100 分贝

原子弹爆炸：210 分贝

声音的大小

声音的大小以分贝（dB）为单位。比如轻声低语这样比较小的音量大概是 20 分贝左右。像喷气式飞机起飞那样巨大的轰鸣声大概是 120 分贝左右。

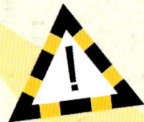

如何使用这本书

每个实验都配有明确的操作指导和实验结果说明。开始实验前，请务必完整阅读操作指导；实验时，应仔细遵循实验步骤，不要同时进行多个实验。如果你不知道该怎么做，可以向家长寻求帮助。

实验图标

① 显示实验所需材料备齐后，完成全部实验所需要的时间。

② 显示进行该实验时，是否需要家长在旁监督。

③ 显示实验的难易程度。

实验介绍

这里说明你通过这个实验能学到什么。

实验材料

实验所需的材料都是你能在家里找到或是从超市买到的物品。本书中的实验不需要任何特殊的设备。使用任何物品前，记得要先获得家长的许可。

吹奏音乐
单簧管、喇叭和笛子类的乐器都是靠吹入空气振动而发声的。下面这个实验可以用来模拟这些管乐的工作原理。
15分钟
不需要家长监督
容易
你需要准备的
· 操作台
· 长宽均为10厘米的正方形卡纸
· 双面胶
· 20根吸管
· 剪刀
a
双面胶的长度不要超出卡片的长度
在卡片上靠近两端的地方各贴一段双面胶，然后把另一面的衬纸也撕掉。
b
将吸管一根挨一根沿与双面胶垂直方向粘在卡片上。吸管要高低对齐。
30

实验步骤

数字和字母是用来说明实验步骤的。

安全第一

如果实验上标有“需要家长监督”的标志，就说明进行这个实验的时候，最好有家长在旁监督指导。

这个标记也是提示你使用剪刀等物品时要注意安全。

一旦出现任何问题，都要尽快向家长求助。

提 示

图片中的提示语可以给你很多有用的提示，帮助你更顺利地完成实验。

实验结果说明

每个实验结尾都有一个问答形式的实验结果说明，帮助你了解实验背后的科学原理。

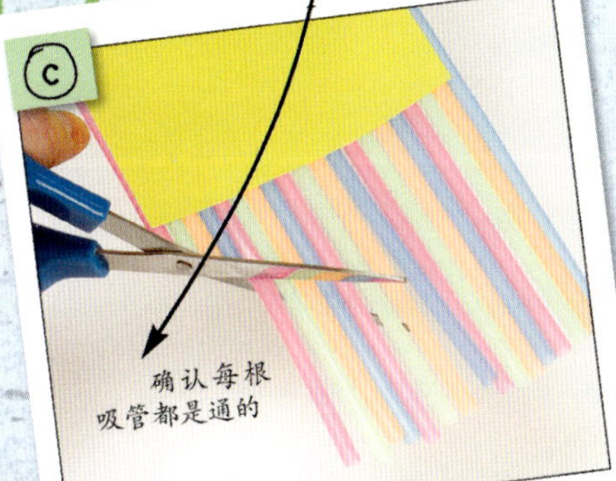

将一端的吸管沿斜对角剪掉一部分，使最长的吸管和最短的吸管相差10厘米左右。

Ⓠ **你吹出了什么声音？**

Ⓐ **较短的吸管发出的声音，比较长的吸管发出的声音更高。**吸管在这里就像是管道，当你从顶端向管道里吹气的时候，流动的空气在每根吸管里上下流通振动。你越用力吹，振动就越强烈，产生的声音就越大。较短的吸管发出的声音音调较高，是因为空气振动的频率快慢会受管道长短的影响——管道越短，振动频率越快。

你还可以……

这里会介绍额外的小实验，你可以通过这些实验来验证你刚学会的科学原理。

你还可以……

往玻璃瓶中注入不等量的带颜色的水。从瓶口向里吹气，听听它们发出的声音有什么不同。

将吸管长短一致的一……置，向吸管吹气就可以……

做实验时的注意事项

- 做实验前要清空桌面，如果有需要的话，还可以在桌面上铺一层报纸。
- 做实验时可以穿上围裙，或者穿件不怕被弄脏的旧衣服。
- 实验开始前准备好所需要的全部材料和工具，实验过后要记得收拾干净。
- 进行标有“需要家长监督”标志的实验时，应当有家长在旁监督指导。
- 有需要倒水的实验步骤时，用盘子接着或到水池前进行操作，以免水洒出来。
- 如果有任何问题，随时向家长寻求帮助。

科学家的工具箱

在开始做实验之前，你需要先准备一些工具。这些工具都可以在家里找到，或是从超市买到。记得使用之前要先获得家长的许可，尤其是进行有安全标记的实验时，要特别注意安全。

面粉

有用的提示！
面粉会把屋子弄得一团糟！需要使用面粉的实验最好在室外进行。

与食物相关的材料

- 面粉
- 红色、绿色和蓝色的食用色素
- 白糖或食盐

有用的提示！
食用色素非常有用，因为它可以帮助你更清晰地看到实验结果。

食用色素

卡纸

从厨房里能找到的

- 3个干净的瓶子
- 20根吸管
- 漏斗
- 小口径的玻璃瓶或罐子
- 水壶
- 剪刀
- 较浅的塑料容器
- 小盘子
- 茶匙
- 清水

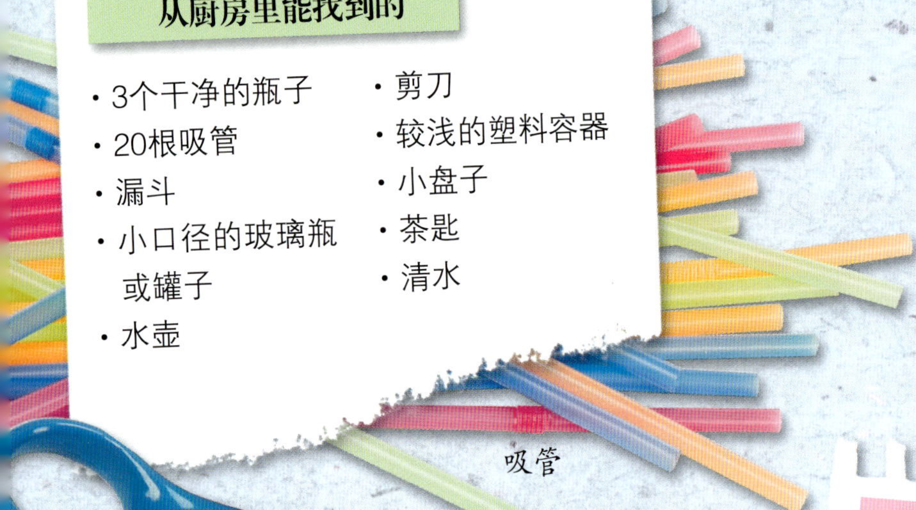

吸管

剪刀

警告！
剪刀是非常锋利的物品，容易造成割伤。使用前一定要征得家长的同意。将剪刀递给别人时，一定要把手握的一端朝向对方，以免锋利的尖端扎伤别人。

铅笔

手工盒里的东西

- 卡纸（白色的和彩色的）
- 彩色铅笔
- 双面胶带
- 橡皮筋
- 橡皮泥或粘土等有粘性的东西
- 2支一样粗的笔
- 一些大头针
- 短铅笔
- 订书机
- 胶带
- 粗笔
- 轻薄的白纸
- 透写纸

大头针

橡皮筋

其他物品

- 气球
- 带盖子的鞋盒
- 小镜子
- 手电筒

镜子

手电筒

气球

有用的提示！

有些实验并不是非要等到天黑才能做，只要拉上窗帘、关上灯就可以了。

做实验需要的场地

- 室外宽敞的空地
- 暗室的白墙
- 操作台

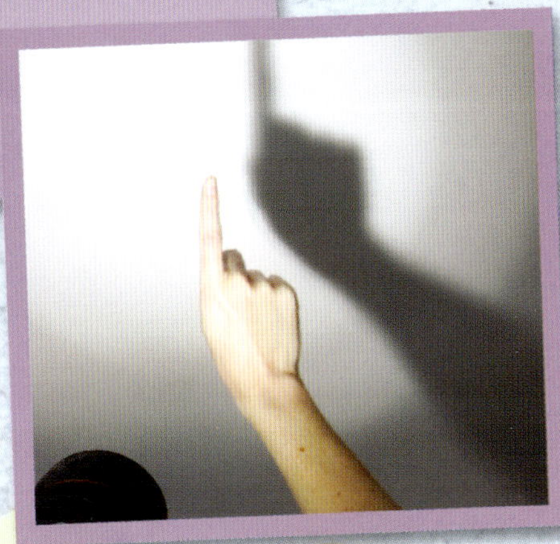

实验材料可重复使用或回收利用

玻璃、纸、塑料和废金属等物品都是可以回收利用的。这样做可以保护环境。利用废旧物品作为原料制作新产品，比用新原料更节约成本。

重复使用是指一个物品被扔掉前，它可以被反复多次使用。

回收利用是指一个物品成为垃圾后，可以被送到工厂，通过熔解等处理工艺，再作为原料制成新物品。

有用的提示！

塑料瓶有很多不同的颜色。做实验时应选择无色透明的，这样你才能更清楚地观察实验结果。

手 影

影子是由于光线被物体阻挡而形成的。下面我们就来实验一下，如何创造出或大、或小，或清晰、或模糊的影子。

15分钟　不需要家长监督　容易

你需要准备的

- 房间的墙壁较为平光
- 手电筒或房间有电灯

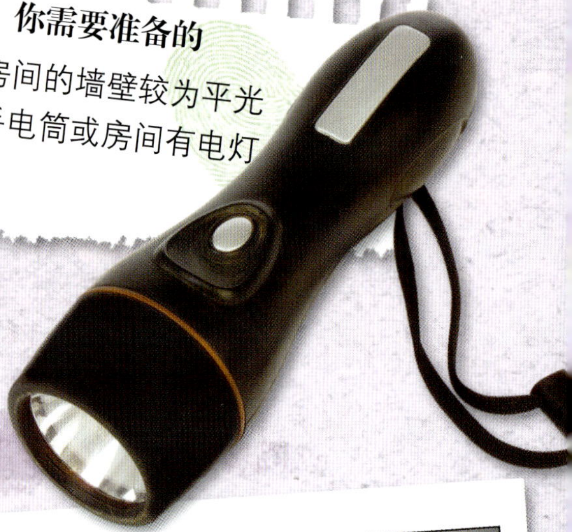

准备工作

关掉所有灯光，拉上窗帘，让房间里越暗越好。把手电筒照向一面墙壁，可以用手举着手电筒，也可以把它放在一个水平的地方。

1a

食指向上伸出，放在手电筒前大约5厘米的地方。

1b

手指离开手电筒慢慢前移5厘米。

Q 影子是什么样子的？

A 影子看起来很大，但轮廓不清晰。因为你的手离光源很近，阻挡住了大范围的光线，所以就会产生面积较大的影子。把光源贴近你的手指，影子的轮廓就会变得更加不清晰。

把手指放到距离手电筒约 20 厘米的地方。

试试把手指放在离手电筒最远、离墙面最近的地方（注意手不要碰到墙壁）。

Q 影子有什么变化？

A 影子变小了，轮廓也变得更清晰了。你的手离光源越远，能阻挡的光线范围就越小，所以影子也就越小。影子的轮廓变得清晰是因为光线不能绕过你的手指边缘。

你还可以……

你也可以上演一出影子戏。把卡纸剪成你想要的形状，如一匹马或一只羊。把卡纸固定在吸管或小木棍上。然后像上面实验中做的一样，把这些卡纸举到光源前面，你就可以上演《农场故事》了！右边图形可以参考。

光 线

打开手电筒开关，它就会发出一束光线。这个实验可以说明光是沿直线传播的。

30分钟
不需要家长监督
较难

你需要准备的

- 操作台
- 1张薄A4纸（任何颜色都可以）
- 剪刀
- 橡皮泥或粘土
- 手电筒
- 小镜子

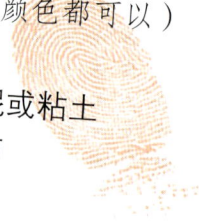

准备工作

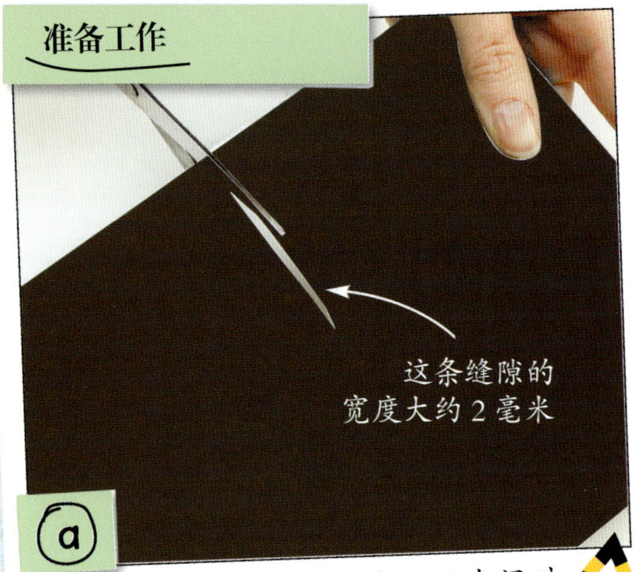
这条缝隙的
宽度大约 2 毫米

ⓐ 将 1 张 A4 纸大小的卡纸从中间对折撕开，平分为两张。将两张卡纸对齐，用剪刀在较长的一边正中剪开一条长约 5 厘米的缝隙。

ⓑ 将第一张卡纸立在桌子上，有剪开缝隙的一侧朝下，用四块橡皮泥或粘土固定住卡纸的两个角。

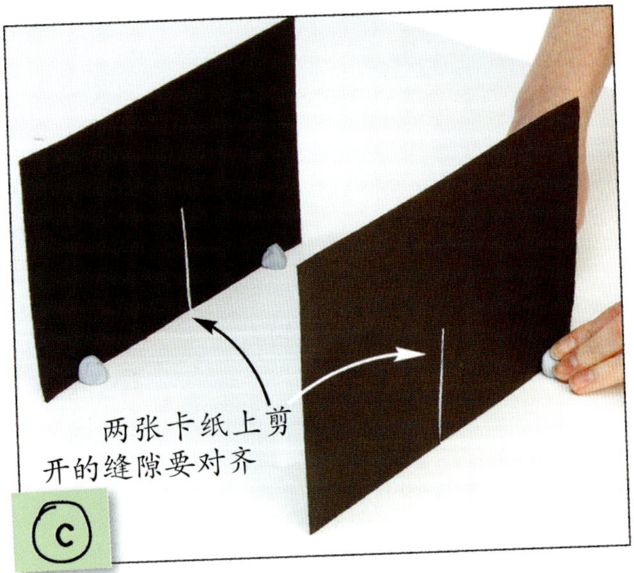
两张卡纸上剪
开的缝隙要对齐

ⓒ 将另一张卡纸以相同的方式固定在桌子上，方向应当与第一张平行，两张卡纸之间的距离约为 15 厘米。

关掉房间中的电灯或拉上窗帘，让房间变暗。把打开的手电筒放到缝隙一侧约10厘米的地方，就可以看到光线能够穿过两条缝隙。左右移动手电筒的位置看看结果有什么变化。

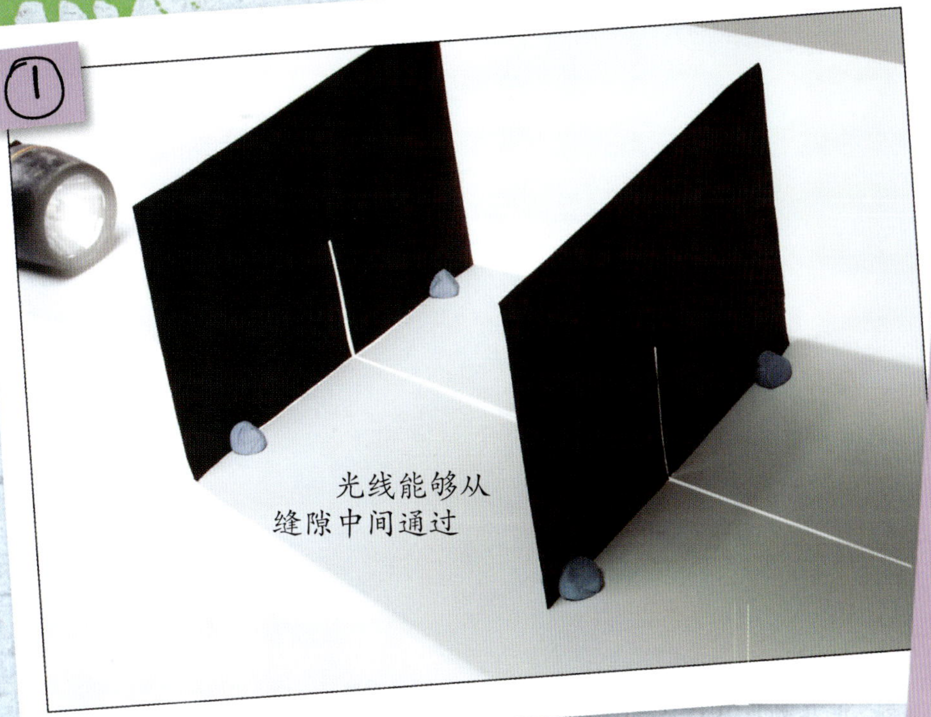

Q 光线有什么变化？

A 光线可以通过两条缝隙。当手电筒和两条缝隙都在同一条线上的时候，光线可以穿过两条缝隙。如果手电筒和两条缝隙不在同一条线上，则光线不能穿过第二条缝隙。这说明光线只能沿直线传播。

2 把刚才实验中的第二张卡纸换成一面小镜子，镜子可以照人的一面面向第一张卡纸。还用手电筒照射固定在桌面上的第一张卡纸，让光线通过缝隙照射到镜子上。

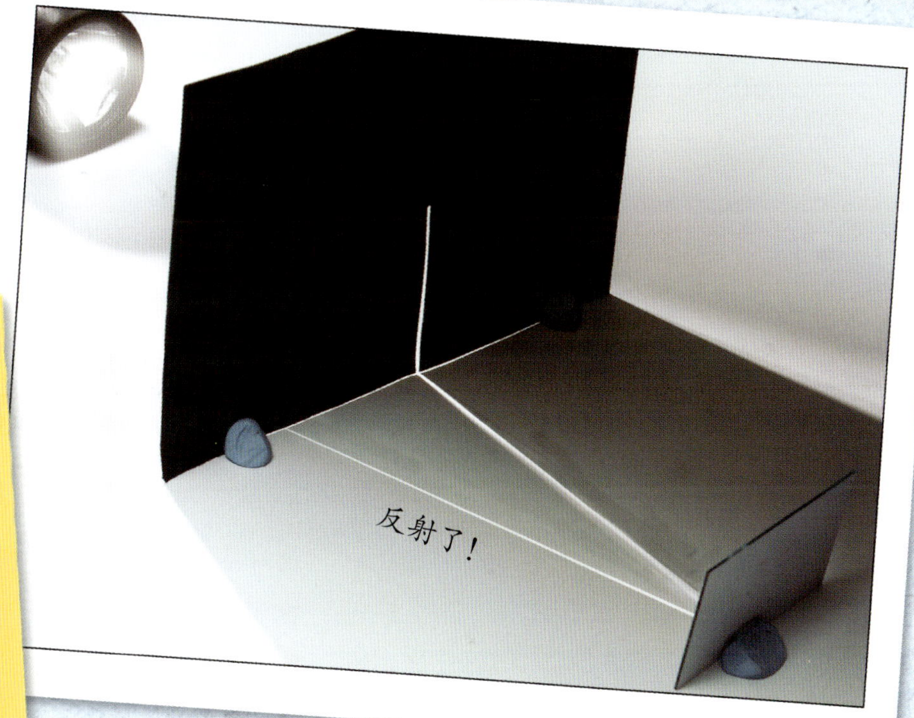

Q 光线消失了吗？

A 没有。镜子将光线反射回去了。光线照到镜子上以后被反射回去了。如果你左右移动手电筒，你会看到射向镜子的光线总是以同样的角度被反射回去。

穿过透镜

照相机的成像原理是，通过玻璃或塑料的透镜来改变光线的传播方向，让物体在照相机上成像并被记录下来。下面我们就来实验一下如何通过剪一个洞来模拟照相机的原理。

30分钟　需要家长监督　较难

你需要准备的

- 操作台
- 有盖子的鞋盒
- 剪刀
- 胶带
- 透写纸
- 手电筒
- 彩色卡纸
- 大头针

a

在鞋盒一个侧面的中间小心地剪出一个长 8 厘米、宽 5 厘米的方孔。

b

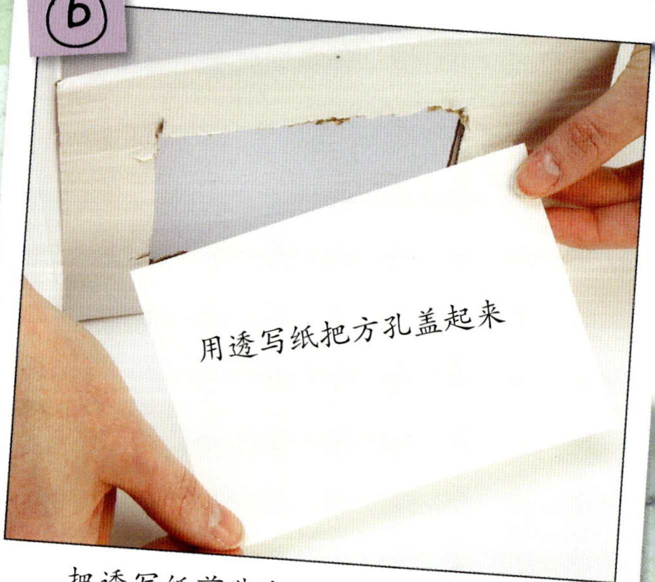

把透写纸剪裁成 10 厘米长、7 厘米宽的长方形，用胶带将它粘在鞋盒上，盖住刚才剪出的方孔。注意纸面要平整，不要有褶皱。

用大头针在鞋盒上已剪出方孔的对侧扎一个小圆孔。

把所有灯都熄灭，让房间里越暗越好。把盒子举到你的面前，贴有透写纸的一侧对着自己，大头针扎出的小孔对准手电筒。如果因为房间光线不够暗看不清楚，可以找一块桌布把自己的头和鞋盒蒙起来。

选一张有颜色的卡纸，剪出一个三角形，然后把它用胶带固定在手电筒的顶端。把手电筒放在和你的头一样高的地方。

Q 你看到了什么?

A 一个倒置的三角形! 手电筒的光通过鞋盒上的小孔照到对面的透写纸上。因为光是直线传播的，所以三角形顶端上方的光线透过小孔射向透写纸的下方，而三角形底部的光线则透过小孔射向透写纸的上方。

彩虹的颜色

彩虹是由于阳光被分解成不同颜色的光线而形成的。下面我们就来试试怎么创造出彩虹的颜色。

15分钟　需要家长监督　较难

你需要准备的

- 操作台
- 昏暗的房间
- 1个较浅状塑料容器
- 清水
- 水壶
- 小镜子
- 橡皮泥
- 白卡纸
- 手电筒

a 在塑料容器的一侧放一个小镜子，镜子和容器底部呈大约45°角，镜面朝上，用橡皮泥把镜子固定住。

b 往塑料容器里注一半水。

c 在塑料容器有小镜子一侧的对面固定一张白卡纸。

d 关灯或拉上窗帘，让房间里越暗越好。

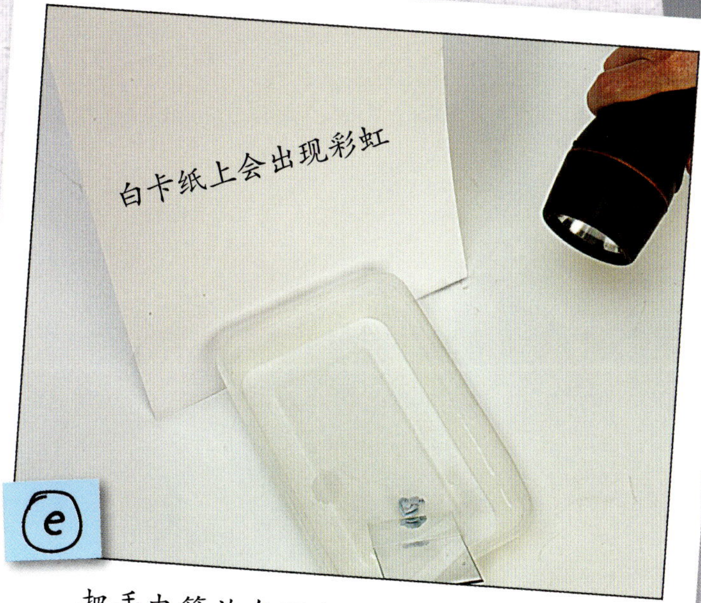

e

把手电筒放在距离镜子大约10厘米处，打开手电筒，对准镜子照射被浸入水中的部分。调整手电筒的角度，直到白色卡纸上出现彩虹。你看到了吗？

你还可以……

找一个阳光明媚的日子，背向阳光站立，用喷壶向你面前的空中喷水。阳光穿过停留在空气中的微小水珠时，就会被分解成不同颜色的光线，形成彩虹。

Q 为什么你会看到彩虹？

A 从手电筒或太阳上发出的光被称为白光。白光其实是很多颜色的光汇聚到一起形成的。手电筒的光线先是射入水中，遇到镜子就会被反射。被反射后的光线再从水中射出，最后射到白卡纸上。光线从水中进出的过程中会发生折射。不同颜色的光被折射的程度是不同的，所以原本的白光就被分解成了可以被肉眼分辨的不同颜色的光。这些不同的颜色被称作光谱。

变幻的颜色

通过下面的实验，你将会看到肉眼为什么能看到很多颜色，而滤器又是怎样将颜色阻隔的。

你需要准备的

- 操作台
- 白卡纸
- 小盘子
- 短铅笔
- 剪刀
- 清水
- 品红色（深粉色）、青色（介于蓝色与绿色之间）和黄色的彩色铅笔
- 3个干净的空瓶
- 红色、绿色和蓝色食用色素

1a

在白卡纸上画一个圆形，然后沿边界把多余的部分剪掉。

1b

将这个圆形平均分为三部分，分别涂上品红色、青色和黄色。

1c

将一根短铅笔削尖，插入涂好颜色的圆形卡纸的圆心。把笔尖立在桌面上，快速转动铅笔。

Q 你能看到什么颜色？

A 当插有铅笔的彩色卡纸像陀螺一样快速旋转的时候，你看到的颜色变成了单一的白色或灰色。 通过调整品红色、青色和黄色这三种颜色混合的比例，你可以得到任何你想要的颜色。这样特殊的颜色就被称为颜料里的三原色。

Q 哪两种颜色会阻隔光线?

A 任何两种颜色的组合都会阻隔光线。这三种颜色正是光线里的三原色。这些瓶子放在一起就组成一个滤器。每个瓶子只能允许一种颜色的光线通过（红色的瓶子只允许红色光通过，而蓝色和绿色的光线就被阻隔了）。任何两个瓶子组合在一起之后，能从第一个瓶子通过的光线并不能通过第二个瓶子（所以绿色光线又被红色瓶子阻挡住了）。

2a

在3个瓶子中注入清水，每个瓶子加几滴人工色素（一瓶加红色，一瓶加蓝色，一瓶加绿色）。

2b

把绿色瓶子放在另两个瓶子前面，让日光或灯光从另两个瓶子背后照过来。然后透过绿色瓶子观察，你会看到什么？再换红色或蓝色的瓶子放在前面试一下。

会动的小画书

这里要教你制作一个光学的小玩具，我们可以用它来说明，为什么电视和影院屏幕上的画面是会动的。

30分钟　不需要家长监督　容易

你需要准备的

- 操作台
- 12张10厘米长、8厘米宽的白纸
- 订书机
- 彩色铅笔

a
每张纸上画的表盘要一模一样

在每张纸上完全相同的位置，画一个完全相同的表盘。

b
在每个表盘上画上时针和分针

每个表盘上画上不同的时间。比如12点、1点、2点、3点等。

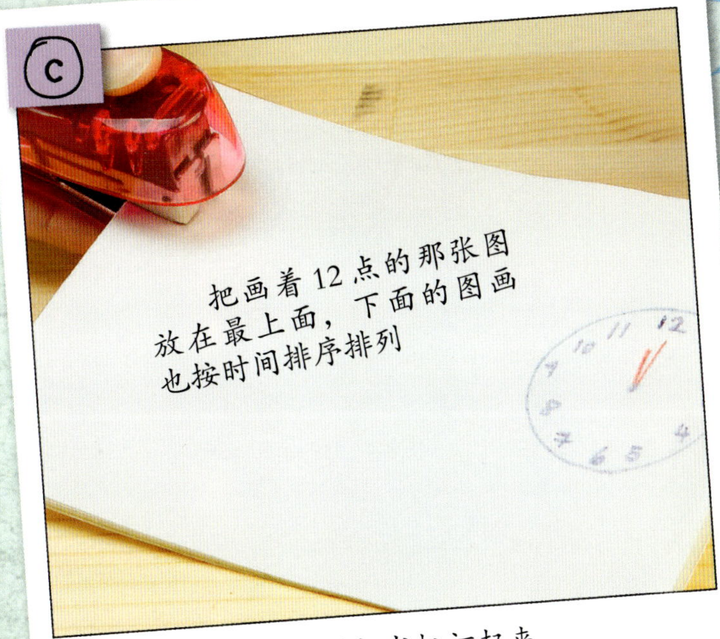

c
把画着12点的那张图放在最上面，下面的图画也按时间排序排列

将排好顺序的白纸用订书机订起来。

你还可以……

你可以尝试增加纸页的数量，或者画些更复杂的图画。

从头到尾快速翻动纸页，观察图画的变化。

Q 画面为什么会动起来？

A 纸上的图画以极快的速度连续经过你的眼前，每个画面停留的时间不过一刹那。你的大脑能够记住每个瞬间出现的画面，所以你就感觉到表盘上的指针仿佛在移动。电视和电影依据的都是这个原理，通过快速连续播放的办法，让荧幕上的画面动起来。

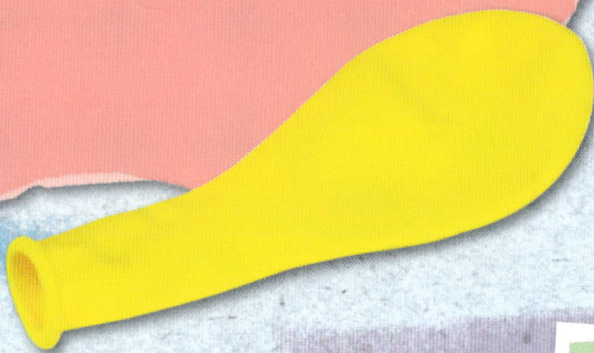

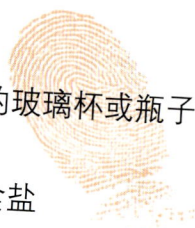

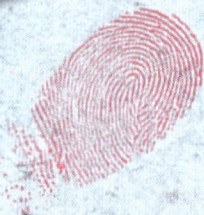

看得见的声音

你并不能真正看到声音在空气中传播，但是这个实验可以让你真切地看到形成声音的声波是如何振动的。

你需要准备的

- 操作台
- 气球
- 剪刀
- 小口径的玻璃杯或瓶子
- 胶带
- 白糖或食盐

用剪刀把气嘴部分剪掉。要注意安全！

b
玻璃杯杯口的大小应当以气球能够完全覆盖住为准

用气球包住玻璃杯的杯口，把气球拉平，让它像鼓面一样绷紧。

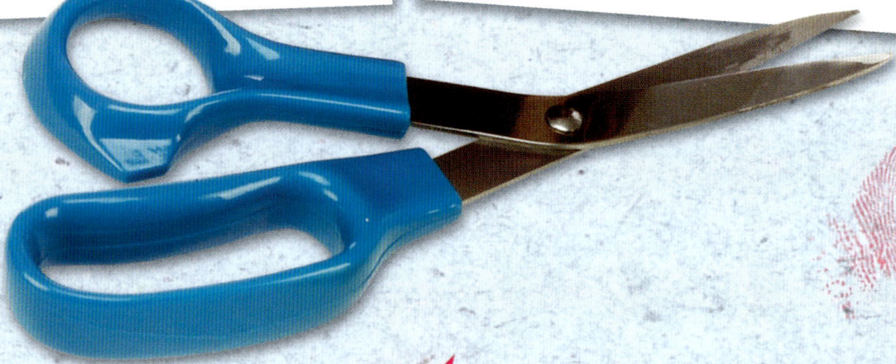

c

用胶带将绷紧的气球固定在玻璃杯上。

e

在距离杯口约10厘米的地方对着它大声呼声，分别尝试一下高声调和低声调。

d

把玻璃杯放在操作台上，在气球表面上放一些糖或盐，或者放几粒谷物。

Q 气球上的谷物动了吗？

A **动了！声音就是振动在空气中传播产生的。**这种振动就被称作声波。当一个物体发声时，产生的振动就会通过空气向四面八方传播。空气中的振动碰到其他物体时，又会使其他物体也发生振动。声波从我们的口中发出，传递到绷紧的气球表面，所以使得气球表面也发生振动，于是你就能看到谷物上下跳动了。

光和声音的赛跑

在声音发出的一刹那你就能马上听到，这是因为声音传播的速度非常快。现在我们就来做个实验证明这一点。

15分钟　需要家长监督　容易

你需要准备的

- 户外宽敞的空地
- 气球
- 面粉
- 漏斗
- 茶匙
- 大头针
- 一个帮手

把气球的气嘴套在漏斗嘴上。

往漏斗里放几茶匙的面粉，然后摇晃漏斗，让面粉全都进入气球里。

拔出漏斗，往气球里吹气，然后把气嘴系上，以防止空气和面粉跑出来。注意吹气球的时候不要吸气，不然会把面粉吸进嘴里。

d

你要到户外的空地上做这个实验。让你的帮手拿着气球和一个大头针，走到离你100步远的地方。

Q 你是先听到气球爆炸的声音，还是先看到喷洒的面粉？

A 你应当是先看到气球破了，然后才听到破裂的声音。这个实验说明光传播的速度比声音传播的速度快，所以这次赛跑的胜者是光。事实上，音速和光速之间的差距其实是很大的。光传播的速度能够达到惊人的3亿米/秒——所以你几乎可以在气球爆炸的瞬间看到它的发生。而声音传播的速度则只有340米/秒。所以气球爆炸的声音传到你耳朵里要用半秒多。

e

让你的帮手拿着气球，气球的位置要离身体远一些。示意你的帮手用大头针把气球扎破，同时要注意观察气球并竖起耳朵认真听——你会在听到气球爆炸声的同时看到面粉喷洒出来。

嘭！

音乐盒

吉他和小提琴都是弦乐器。这里我们做一个实验看看琴弦是怎么形成乐声的。

15分钟　需要家长监督　容易

你需要准备的

- 操作台
- 有盖子的鞋盒
- 剪刀
- 2支同样粗的铅笔
- 粗笔
- 橡皮筋

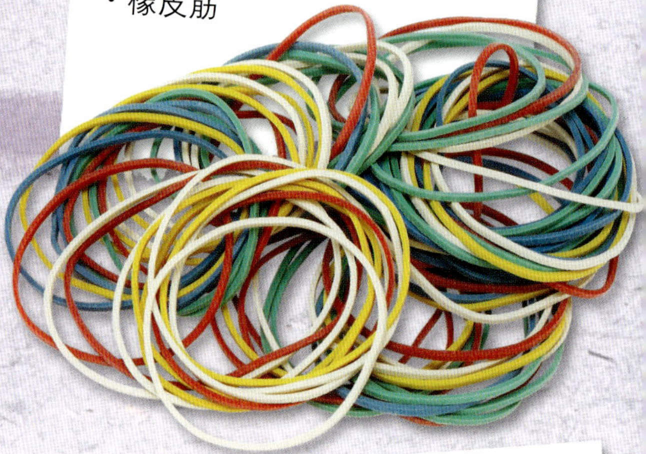

准备工作

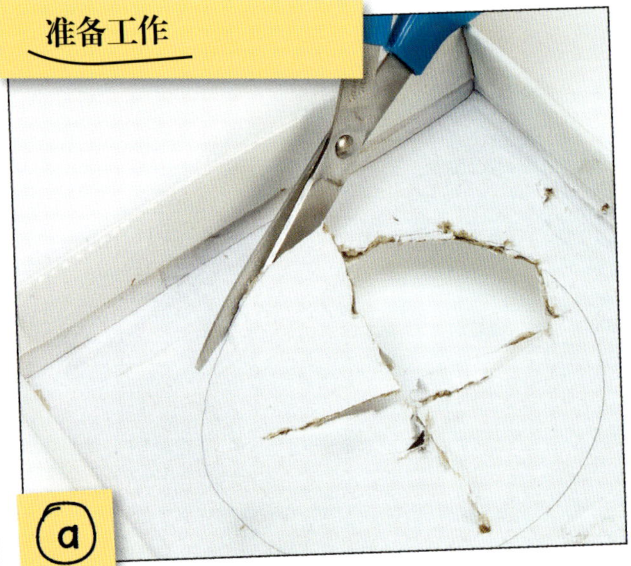

ⓐ 在鞋盒盖子的正面剪一个直径约 15 厘米的洞。

ⓑ 将橡皮筋沿鞋盒边长较长的一侧套在鞋盒上，橡皮筋要经过盒盖上剪出的洞。

ⓒ 把铅笔插在橡皮筋下面，两支铅笔分别接近盒盖的两端。让铅笔把皮筋撑起来，使它不会碰到你剪开的洞。

拨动橡皮筋让它发出声音。你使的力气大，发出的声音就大；使的力气小，发出的声音也会小。

Q 橡皮筋能发出声音吗?

A 橡皮筋可以发出声音，就像吉他上的琴弦一样。当你拨动橡皮筋的时候，皮筋就会振动，它周围的空气也会随之振动，这样你就能听到振动形成的声音了。你越用力拨动橡皮筋，振动就越强，形成的声波也就越强，发出的声音也就越大。鞋盒能够起到让声音扩大的作用，因为声音在鞋盒里面四处反弹产生了回声。

在皮筋下面靠近洞的地方插入一根粗一些的笔，然后再拨动皮筋试试。

2b 你可以通过改变铅笔的位置来获得高低不同的声调。

Q 音调有高低变化吗?

A 音调可以变化。因为后插入的笔改变了发生振动的那一部分皮筋的长短。能够振动的部分皮筋越短，振动的频率就越快，发出声音的音调就越高。

吹出来的音乐

单簧管、喇叭和笛子类的乐器都是靠吹入空气振动而发声的。下面这个实验可以用来模拟这些管乐的工作原理。

15分钟　不需要家长监督　容易

你需要准备的
- 操作台
- 边长均为10厘米的正方形卡纸
- 双面胶
- 20根吸管
- 剪刀

在卡纸上靠近两端的地方各贴一段双面胶，然后把另一面的衬纸也撕掉。

将吸管一根挨一根沿与双面胶垂直的方向粘在卡纸上。吸管要高低对齐。

将吸管一头对齐，轻轻地贴在下嘴唇上，使最长的吸管和最短的吸管相差10厘米左右。

将吸管长短一致的一侧靠近下嘴唇的位置，向吸管吹气就可以发出声音。

Q 你吹出了什么声音？

A 较短的吸管发出的声音，比较长的吸管发出的声音更高。吸管在这里就像是管道，当你从顶端向管道里吹气的时候，流动的空气在每根吸管里上下流通振动。你越用力吹，振动就越强烈，产生的声音就越大。较短的吸管发出的声音音调较高，是因为空气振动的频率快慢会受管道长短的影响——管道越短，振动频率越快。

你还可以……

往玻璃瓶中注入不等量的带颜色的水。从瓶口向里吹气，听听它们发出的声音有什么不同。

记录实验结果

你可以在这里记录实验结果。比如写每个实验是否成功，还有你从中学到了什么知识。你也可以写你觉得这些实验是不是很有趣。

在这里留下一张你作为小科学家做实验的照片吧！

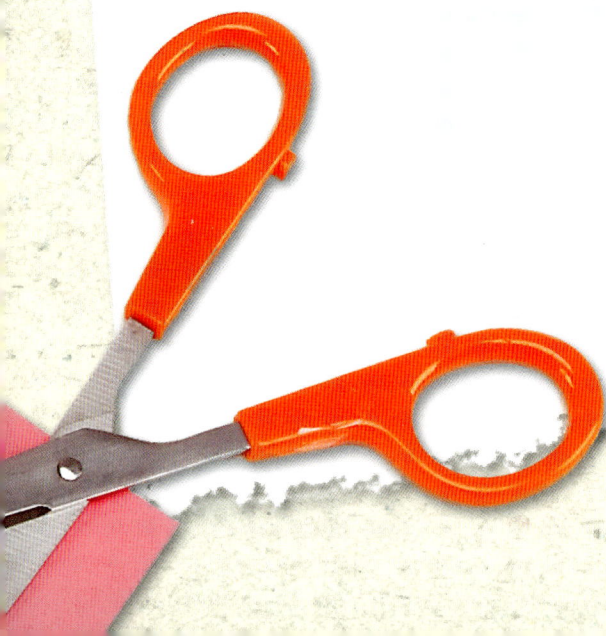

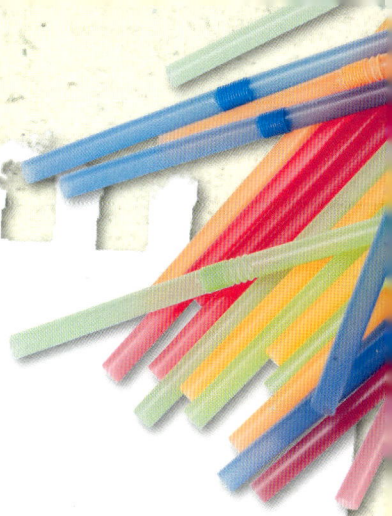

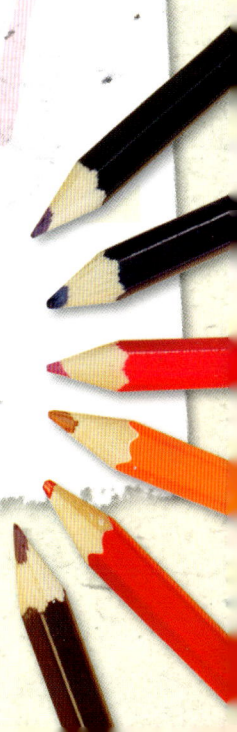

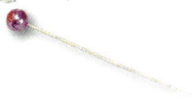

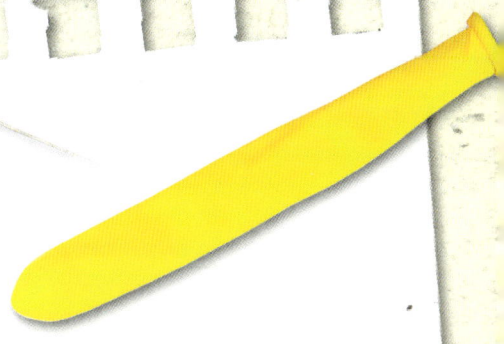

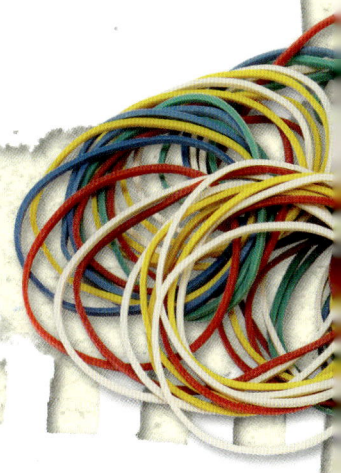

问答时间

准备好，让我们测试一下你从实验中学到了哪些知识吧。你可以把答案写到一张纸上，然后再和第 40 页上的正确答案进行比较。不许偷看哦！

问题1的图片提示

下列空白处应该填什么？

1. 影子是因为________被阻挡住而产生的。
2. 较短的管道里产生的振动比较长的管道中产生的振动频率更________。
3. 衡量声音大小的单位是________。
4. 红色、绿色和蓝色被称作光的________。
5. 从火把或太阳上发出的光被称作______。

问题7的图片提示

下列各句空格处应该填什么？

6. 声音依靠______传进我们的耳朵。
7. ______是因为光线被分解成不同颜色而产生的。
8. ______是我们日常生活的主要光源。
9. 光线打到镜子上后会发生______。

判断对错

⑩ 光线打向镜面的角度和它被反射出去的角度是不一样的。

⑪ 光线只能沿直线传播。

⑫ 长度较长的吸管吹出的声音比长度较短的吸管吹出的声音音调更高。

问题11的图片提示

选择题

⑬ 假设你向一根吸管里吹气，你吹的力气越来越大，那么它发出的声音会越来越大？还是没有变化？还是越来越小？

⑭ 声音传播的速度非常快？还是非常慢？还是根本不传播？

⑮ 声音和光，谁的传播速度更快？

⑯ 光线从空气进入水中时会发生弯折，这个现象叫反射？反折？还是折射？

你还记得吗？

⑰ 什么光线不发热？

⑱ 声音传播的速度是每秒钟多少米？

⑲ 我们能看见声音吗？

问题19的图片提示

⑳ 你身体上的哪个部位能够收集空气中的声音？

下面还有更多问答题

看图解题

21 在橙色框的3幅图片中，哪只手离光源最近？

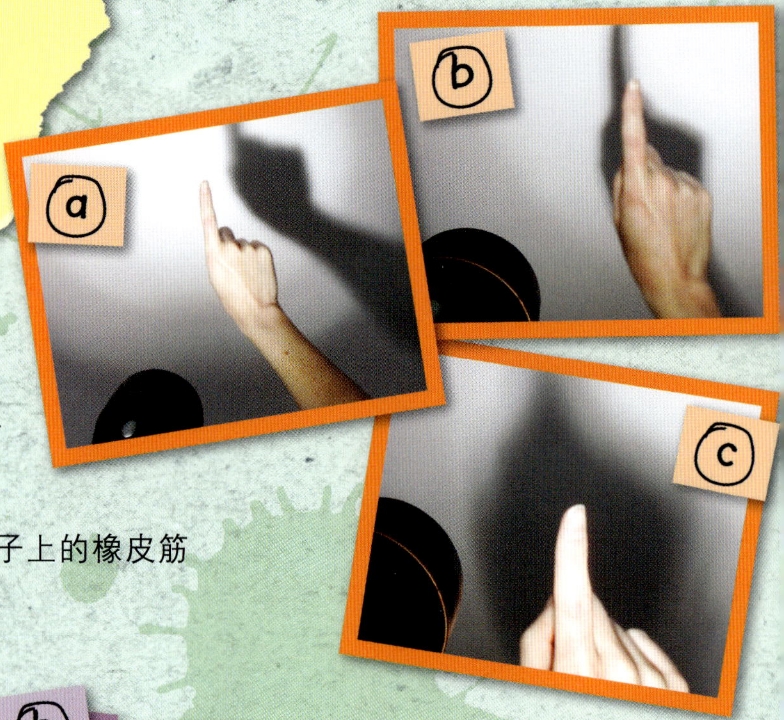

22 在紫色框的3幅图片中，哪个盒子上的橡皮筋发出的声音音调更高？

23 在绿色框的2幅图片中，哪个发光的物体不发热？

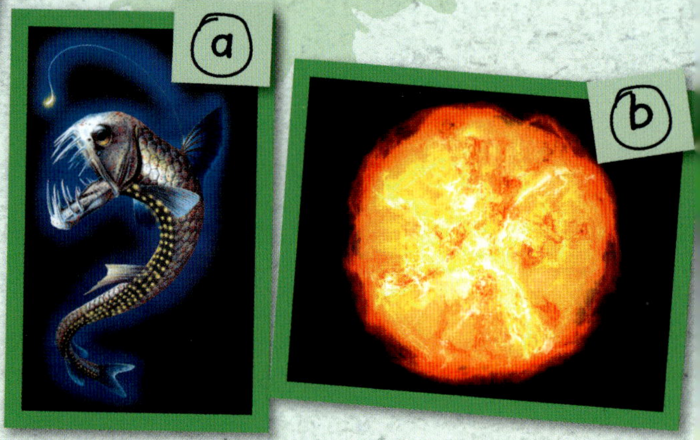

24 在红色框的3幅图片中，哪种摆放瓶子的方式能够只让绿色光线通过？

25 在蓝色框的2幅图片中，哪张图片上显示的是光的反射？

词汇表

角： 两条相交的线或两个相接的平面之间形成的空间，通常以度（°）为单位。

冷光： 不发热的光线。

光谱色： 当白光被分解后你所看到的彩虹色。

分贝（dB）： 用来衡量声音大小的单位。

滤器： 一种只允许某些东西通过的仪器。

热光： 由非常热的物体上发出的光，比如太阳光。发光的同时也发热。

充气： 通过向某种物体里输入气体而使其膨胀变大。

光线： 光传播的直线。

融合： 把几种东西合并成一种。

光学的： 与光、图像或用眼睛看事物有关的器械或活动。

光的三原色： 蓝色、绿色和红色被称为光的三原色。

彩虹： 白光被分解后显示出的光谱。

回收利用： 废旧物品被送到工厂熔解，重新制成的与原来一样的产品或其他新产品。

反射： 光线照射到平滑的表面上被反弹回去。

折射： 光线进入某种物质（比如水）的时候，传播路线发生弯折。

重复使用： 一种物质在被扔掉前以同一形式反复使用。

影子： 因为光线被阻挡而在物体表面形成的阴暗部位。

振动： 小距离、迅速而连续地移动或引起移动。

白光： 由不同颜色的光混合在一起形成的光，比如日光。

索引

答 案

1.光线 2.快 3.分贝 4.三原色 5.白光 6.振动 7.彩虹 8.太阳 9.反射 10.错误 11.正确 12.错误 13.越来越大 14.非常快 15.光 16.折射 17.冷光 18.340米/秒 19.声音是通过空气传播的，我们虽然看不到声音，但是我们可以看到声音产生的振动 20.外耳 21.c 22.a 23.a 24.b 25.a

超级科学

物质和材料的实验

图书在版编目（CIP）数据

物质和材料的实验 /（英）奥克雷德著；党博译．—北京：同心出版社，2015.3

（超级科学）

ISBN 978-7-5477-1521-5

Ⅰ．①物… Ⅱ．①奥… ②党… Ⅲ．①物质—科学实验—少儿读物②材料科学—科学实验—少儿读物 Ⅳ．① O4-33 ② TB3-33

中国版本图书馆 CIP 数据核字 (2015) 第 082180 号

超级科学

物质和材料的实验

策 划 人 / 龙　飞
责任编辑 / 王　莹
项目编辑 / 杨　敬
装帧设计 / 吴　萍

出版 / 同心出版社
地址 / 北京市东城区东单三条 8-16 号 东方广场配楼四层
邮编 / 100005
发行电话 /（010）88356856　88356858
印刷 / 北京海纳百川旭彩印务有限公司
经销 / 各地新华书店
版次 / 2015 年 8 月第 1 版　2015 年 8 月第 1 次印刷
开本 / 210 毫米 ×285 毫米　1/16
印张 / 2.5
字数 / 40 千字
定价 / 15.00 元

超级科学

物质和材料的实验

（英）克里斯·奥克雷德 著
党博 译

北京日报报业集团
同心出版社

目 录

我们可以用物质的特性来描述它，比如它的颜色或用途。

试验时间！

盐晶是什么形状的？

详见第15页

水和油相溶吗？

详见第18页

漂白粉能使有色水褪色吗？

详见第27页

家长监督说明

需要家长监督

家长监督与实验风险

· 本书中的所有实验对孩子来说都是安全的，但有些实验最好在家长的监督下进行。这主要是由于实验中需要孩子点燃蜡烛，或使用剪刀、小刀等锋利的工具，或使用食用色素等材料。凡此类实验旁边都会标有“需要家长监督”的标志。

· 家长在开始陪同孩子做实验前，请与孩子一起阅读本书的使用说明。

· 在做实验前，家长要先对可能出现的危害做好预防措施，以避免意外发生。如果孩子留有长发或穿着宽松的衣服，请将头发扎起来并将衣服扎紧。

· 使用火柴和剪刀等物品后，记得要放回到安全的地方。

你还可以……

其他相关实验

本书中还提到了一些其他相关实验，家长可以指导孩子自主进行。家长还可以在网上搜集更多类似的实验方法。这样的科学实验网站有很多：

www.kids-science-experiments.com 这个网站上有很多适宜孩子做的简单有趣的实验。

www.sciencebob.com/experiments/index.php 按照网站上详细明确的指导进行实验，可以让孩子几个小时都玩不腻。

www.tryscience.org 这个网站信息充足、娱乐性强，色彩丰富，还有很好的互动性。

什么是物质

你能看到的所有物体都是由物质构成的。无论是杯子里的水，还是你坐的椅子。那些肉眼看不到的物体，比如你呼吸的空气，也是由物质构成的。物质有三种存在形态，宇宙中几乎所有物体都是以这三种形态存在的。

物质的三种存在形态

我们身边存在的一切物体都是以固体、液体或气体的形态存在的。物质首先是由数以亿计的原子组成的，原子是组成物质的最小单位。肉眼是看不见原子的。两个原子结合在一起组成一个分子。分子组合在一起就形成了世界上的万物。

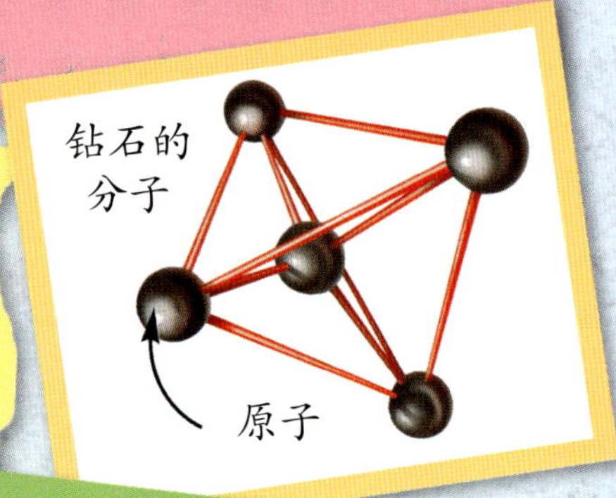

物质形态的转化

一种物质可以从一种形态转变为另一种形态，引起这种转变的原因通常是得到或失去能量。而能量的体现方式通常为热能。

固 体

固体中的原子和分子不能移动。它们紧紧相扣，所以能够形成固定的形状，质地也相对坚硬。

如果液体温度不断下降，就会变成固体，这个过程称为凝固。

如果给固体加热，它可以转化为液体，这个过程称为熔化。

液 体

液体中的原子或分子可以运动或流动，但是它们之间的距离是相同的。液体分子之间的联系比固体分子之间的联系要弱。液体是可以流动的，它的形状因容器的形状不同而变化。

如果气体温度不断下降，就会变成液体，这个过程称为液化。

如果给液体加热，它可以转化为气体，这个过程称为蒸发。

气 体

气体中的原子或分子可以向各个方向随意地、快速地运动。这是因为分子之间的吸引力不足以将它们牢固地牵引在一起。

什么是材料

每一件物体都是由某种或者某几种材料合成的。某种材料的特性，比如强度如何、有没有弹性、能不能弯折等，决定了这种材料被如何利用。现在的材料既有天然的，也有合成（通过化学方法制造）的。

自然资源

从远古时期以来，人们日常生活中需要的大部分材料都来源于植物，比如棉花和木头。我们应当重视自然资源的重复使用和回收利用，否则地球上的自然资源会被消耗殆尽。

木头

木头的种类很多，每个种类的硬度、颜色和密度都不相同。木头的主要来源是树木，它的主要用途是作为燃料或建筑材料。

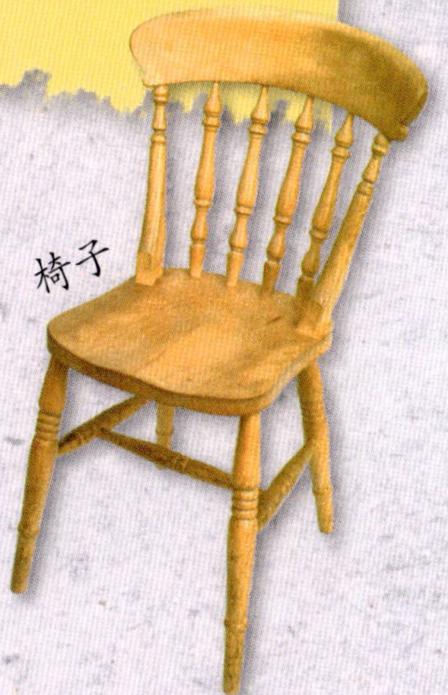

椅子

橡胶

橡皮筋

天然橡胶是由植物乳胶制成的。某些热带树木中含有这种乳胶。不过，橡胶也可以通过人工合成。橡胶具有弹性，耐磨损，还能防水，所以适合制作成汽车轮胎。

合成物

塑料、钢铁和玻璃都是合成物。有的时候，合成物和自然资源可以混合起来使用，比如我们穿的衣服就可以由混合材料制成。

塑料

塑料瓶

塑料的特点是防水、耐用、牢固。这种材料可以从石油（原油）中提取。塑料可以制作成各种形状，所以日常生活中许多物品都是由塑料制成的。

绳子

聚酯纤维

这种合成材料主要用于制作服装，因为它容易晾干而且不易变形。绳子也大多是用聚酯纤维制成的，因为它的韧性很强。

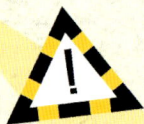

如何使用这本书

每个实验都配有明确的操作指导和实验结果说明。开始实验前，请务必完整阅读操作指导；实验时，应仔细遵循实验步骤，不要同时进行多个实验。如果你不知道该怎么做，可以向家长寻求帮助。

实验图标

① 显示实验所需材料备齐后，完成全部实验所需要的时间。

② 显示进行该实验时，是否需要家长在旁监督。

③ 显示实验的难易程度。

盐水蒸馏
盐水里的盐和水能被分开吗？可以，要通过蒸馏的办法。下面的实验就能告诉你如何分离水和盐。
①
②
③
30分钟
需要家长监督
很难
你需要准备的
·操作台
·炉子
·清水
·1个玻璃杯
·食盐
·茶匙
·小碟子
·平底锅
·厨房用锡
·冰块
·水壶
a
在一个玻璃杯中加一半清水，再加入4茶匙食盐。充分搅拌至完全溶解，就得到了一杯食盐溶液。
b
这个碟子里不能有水
把一多半食盐溶液倒进平底锅，然后在水中央上放一个小碟子。
c
用厨房用的锡纸把平底
按压锡纸的中心，让它形成
槽处放几块冰块。
22

实验介绍

这里说明你通过这个实验能学到什么。

实验材料

实验所需的材料都是你能在家里找到或是从超市买到的物品。本书中的实验不需要任何特殊的设备。使用任何物品前，记得要先获得家长的许可。

安全第一

如果实验上标有“需要家长监督”的标志，就说明做这个实验的时候，最好有家长在旁监督指导。

这个标记也是提示你使用剪刀等物品时要注意安全。

一旦出现任何问题，都要尽快向家长求助。

实验步骤

数字和字母是用来说明实验步骤的。

做实验时的注意事项

- 做实验前要清空桌面，如果有需要的话，还可以在桌面上铺一层报纸。
- 做实验时可以穿上围裙，或者穿件不怕被弄脏的旧衣服。
- 实验开始前准备好所需要的全部材料和工具，实验过后要记得收拾干净。
- 进行标有“需要家长监督”标志的实验时，应当有家长在旁监督指导。
- 有需要倒水的实验步骤时，用盘子接着或到水池前进行操作，以免水洒出来。
- 如果有任何问题，随时向家长寻求帮助。

d 把平底锅放到炉子上微火加热。水开后继续加热几分钟（注意不要把锅烧干）。加热时要注意安全，因为开水很烫。

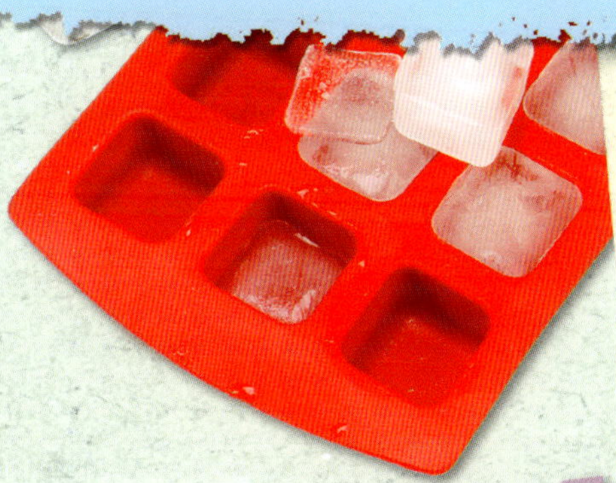

e 把平底锅从炉子上拿下来晾一个小时，直到它完全冷却为止。然后取下锡纸，你会发现小碟子里面有水。尝尝这个水和玻璃杯中剩下的盐溶液有什么区别。

Q 两个地方的水尝起来有什么不同吗？

A 是的，小碟子中的水不咸，说明这里面没有盐。水蒸发变成水蒸气以后，把盐留在了平底锅里。水蒸气遇到温度很低的锡纸又凝结成了水，滴落到小碟子里。这个过程就叫做蒸馏。可以用这种方式来把海水转化为淡水。

你还可以……

在蒸馏的试验中，你把盐溶液中的盐分离了出去，留下了水。如果你想要把水分离出去，留下盐该怎么做呢？只要把平底锅放在一个温度较高的地方，让水分自然蒸发，就可以把盐留在锅里了。

23

实验结果说明

每个实验结尾都有一个问答形式的实验结果说明，帮助你了解实验背后的科学原理。

你还可以……

这里会介绍额外的小实验，你可以通过这些实验来验证你刚学会的科学原理。

提示

图片中的提示语可以给你很多有用的提示，帮助你顺利地完成实验。

科学家的工具箱

在开始做实验之前，你需要先准备一些工具。这些工具都可以在家里找到或是从超市买到。记得使用之前要先获得家长的许可，尤其是进行有安全标记的实验时，要特别注意安全。

手工盒里的东西

- 彩色铅笔
- 水彩笔
- 铅笔
- 转笔刀
- 胶带
- 厚卡纸
- 薄卡纸

硬卡纸

从厨房里能找到的

- 切菜板
- 滤器
- 漏斗
- 几个玻璃杯
- 几个玻璃瓶
- 水壶
- 厨房用的锡纸
- 厨房用的纸巾
- 小刀
- 带盖的平底锅
- 几个茶杯碟
- 剪刀
- 筛子
- 小盘子
- 勺子
- 茶匙
- 温度计
- 洗菜盆
- 木勺

重要提示！

冰块或冷冻豌豆很容易融化，实验中如果需使用，应当等到相应的步时，再把它们从冰箱里拿出来。

警告！

剪刀是非常锋利的物品，容易造成割伤。使用前一定要征得家长的同意。将剪刀递给别人时，一定要把手握的一端朝向对方，以免锋利的尖端扎伤别人。

食品相关的材料

- 小苏打
- 食用油
- 面粉
- 食用色素
- 冰块
- 柠檬汁
- 牛奶
- 豌豆
- 紫甘蓝
- 食盐
- 茶叶包
- 醋
- 清水

其他物品

- 9V的电池
- 气球
- 泻盐
- 滤纸
- 家用漂白剂
- 凡士林霜
- 小木棍
- 小塑料瓶

警告！

漂白剂使用不当可能发生危险。需要使用时最好找家长帮忙。如果接触到皮肤，要马上用清水冲洗。

凡士林霜

气球

做实验需要的工具

- 冰箱
- 炉子
- 烤箱
- 操作台

警告！

使用炉子的时候注意安全，要记得炉子的高温足以烫伤你。需要使用时最好找家长帮忙。

实验材料可重复使用或回收利用

玻璃、纸、塑料和废金属等物品都是可以回收利用的。这样做可以保护环境。利用废旧物品作为原料制作新产品，比用新原料更节约成本。

重复使用是指一个物品被扔掉前，它可以被反复多次使用。

回收利用是指一个物品成为垃圾后，可以被送到工厂，通过熔解等处理工艺，再作为原料制成新物品。

豌豆

有用的提示！

塑料瓶有各种颜色，选择透明的瓶子有助于你更清楚地观察实验结果。

冰变水和水变气

冰、水、气，其实都是水。它们分别是水的固态、液态和气态。固态、液态和气态是物质的三种形态。下面这个实验将说明不同形态的水具有不同的特性。

15分钟　需要家长监督　容易

你需要准备的

- 炉子
- 带盖的平底锅
- 木勺
- 冰块
- 测量范围在0℃-100℃的温度计

把平底锅放到炉子上，在锅底摆满冰块，用木勺按压冰块看看会出现什么结果。

微火给锅加热并搅拌冰块。为安全起见，最好让家长帮忙加热。当你看到冰块开始融化的时候，用温度计测试一下水温。

Q 冰块会流动吗？

A 固态的冰块不会流动，也不会改变形状。随着温度的升高，水的形态也发生着变化。从固态的冰慢慢变成了液态的水。这个由固态变为液态的过程叫做熔化。冰的熔点通常为0℃。

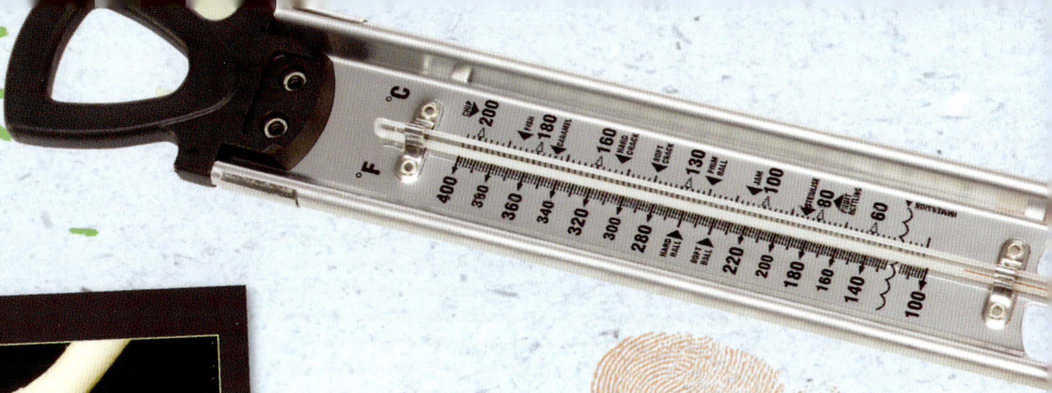

继续给锅加热，直到所有的冰块都融化成水。看看液态的水和固态的冰有什么区别。

持续给水加热，很快就会看到水里面开始出现气泡，这就是液态的水已转化为气态的水蒸气。在水都变成水蒸气跑走前关掉炉子，并且盖上锅盖。此时锅里有很多水蒸气。千万不要用手触碰平底锅，因为它此刻非常烫。

持续加热，请家长帮你测试一下水的温度，看看有什么变化。

Q 水蒸气有什么特点？

A 水蒸气充满了整个平底锅。如果打开锅盖，水蒸气就会跑掉。这种从液态变为气态的过程叫做沸腾。水的沸点通常是100℃。

Q 液态的水会流动吗？

A 是的，液态的水可以流动。液态的水没有固定的形状，此刻铺满了锅底。

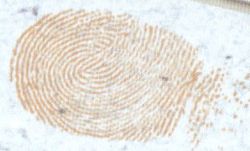

制造晶体

你有没有仔细观察过白糖或食盐？如果你观察过，那么你就见过什么是晶体了。下面这个实验可以教你如何自己制造出晶体。

15分钟　　需要家长监督　　较难

（实验结果需要持续观察3天）

你需要准备的

- 操作台
- 烤箱
- 冰箱
- 食盐
- 泻盐
- 2个玻璃杯
- 1个水壶
- 2把茶匙
- 4个茶杯碟
- 清水
- 食用色素（非必需品）

准备工作

在两个玻璃杯里分别倒入半杯热水。一个杯子里加入几茶匙食盐，另一个杯子里加入几茶匙泻盐。搅拌至盐充分溶解，就得到了两杯盐溶液。你也可以往水里加入一些食用色素，那样实验效果会更有趣味性。

1a

把一些食盐溶液分别倒入两个茶杯碟里。将其中一个茶杯碟放到温度较高的地方。过一个小时查看结晶的程度，之后每隔相同的时间观察一次，持续观察3天。

1b

请家长帮忙把另一个茶杯碟放到烤箱里，以140℃的温度加热15分钟，或加热至水分完全蒸发为止。小心地取出烤箱中的晶体，并仔细观察一下。

Ⓠ **晶体是什么形状的？**

Ⓐ **食盐形成的晶体是立方体的。**这种晶体被称作立方晶体。在你制作的食盐溶液中，食盐的粒子与水混合，当水分被自然蒸发或因为加热而蒸发之后，剩下的粒子就凝结到一起形成了晶体。晶体会有棱角和平面，是因为形成晶体的粒子是整齐、有规律地结合到一起的。

2a

把泻盐溶液分别倒入两个茶杯碟。将其中一个茶杯碟放到温度较高的地方。过一个小时再查看结晶的程度，此后每隔相同的时间观察一次，持续观察 3 天。

2b

将另一个茶杯碟放入冰箱冷藏，分别在经过 10 分钟、30 分钟和 60 分钟时观察一次。

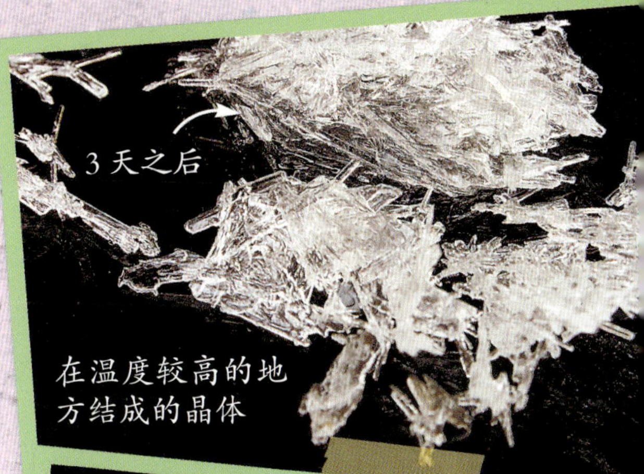

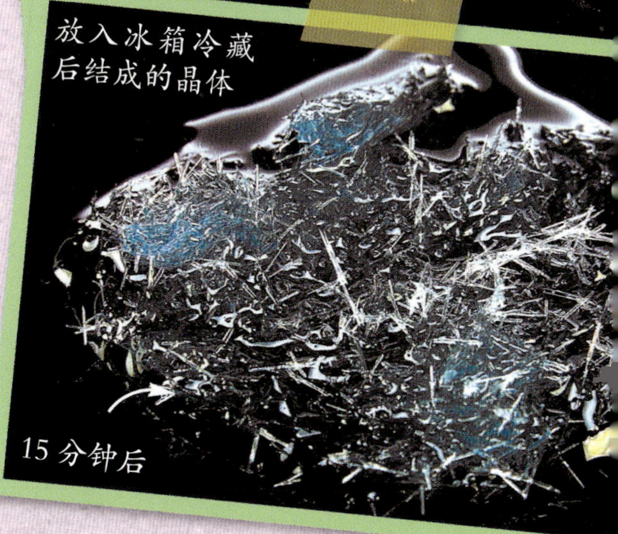

Ⓠ **泻盐晶体与食盐晶体有什么不同吗？**

Ⓐ **是的，泻盐晶体是针状的。**和立方晶体一样，泻盐的晶体也有棱角和平面。

混合的魔法

物质是由不计其数的粒子组成的。下面这个实验能够说明液体中的粒子是在不停运动的。

30分钟　需要家长监督　很难

（实验结果需要持续观察3天）

你需要准备的

- 操作台
- 凡士林霜
- 2个干净的瓶子
- 食用色素
- 清水
- 勺子
- 水壶
- 1张卡纸
- 洗菜盆

a

凡士林霜要抹厚一些

在两个瓶子的瓶口上抹少许凡士林霜，可以防止瓶里的水流出来。

b

在第一个瓶子中加半瓶水，滴入少许食用色素并搅拌均匀。然后再加满水。

c

在第二个瓶子中灌满清水。

d

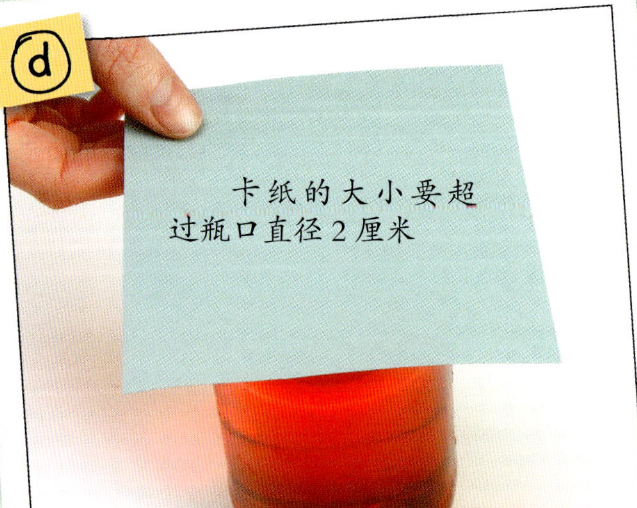
卡纸的大小要超过瓶口直径2厘米

剪一张薄卡纸，大小要超过瓶口。把卡纸盖在装着有色水的瓶子上。

装满清水的瓶子放到洗菜盆里。把装着有色水的瓶子小心地倒立过来，一手托着卡纸，慢慢地将它对准扣到装着清水的瓶子上。如果有困难的话可以请家长帮忙。对好后，静置 10 分钟再做下一个步骤。

一只手扶住瓶子，另一只手慢慢地、小心地抽出卡纸。如果有困难的话可以请家长帮忙。

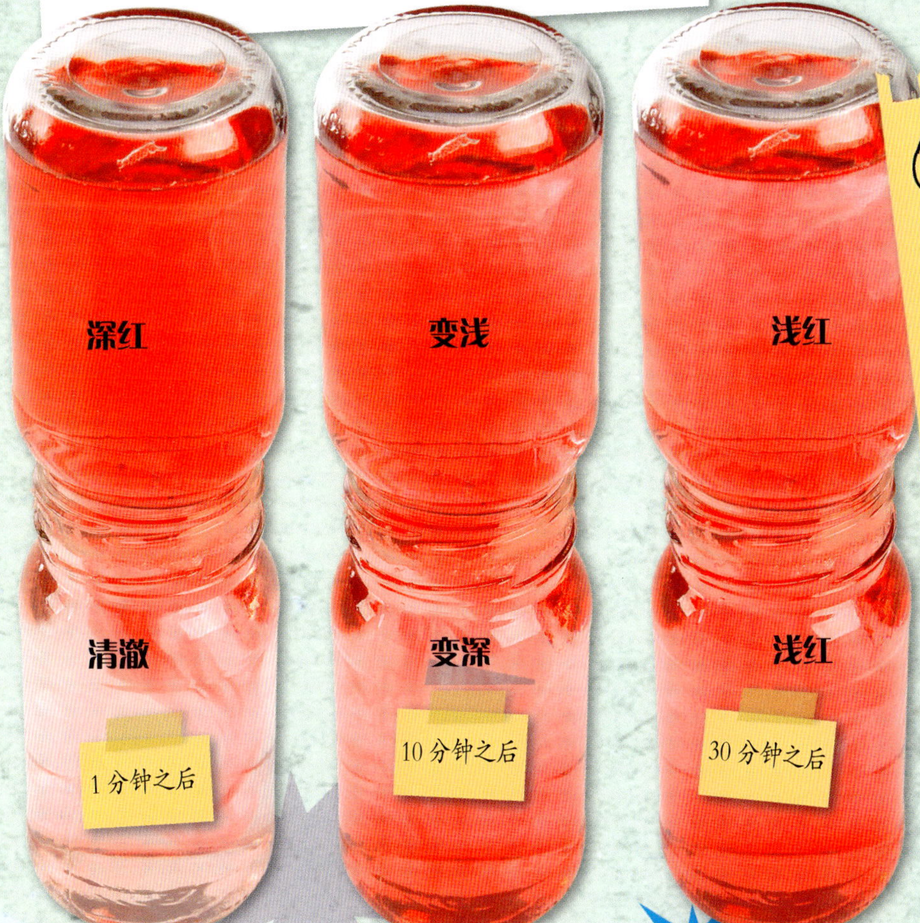

Q 有色水出现了什么变化?

A 有色水和清水混合到了一起。微小的水分子紧紧地聚合在一起并且时刻都在运动。所以两个瓶子里的水分子渐渐地混合到了一起，使得食用色素的粒子也从一个瓶子里移动到了另一个瓶子里。

你能让它们相溶吗

很多物体是由几种物质混合而成的。下面这个实验中，你要把两种物质放到同一个容器中，看看哪些能够相溶，哪些不能相溶。

你需要准备的

- 操作台
- 5个瓶子
- 食用油
- 清水
- 5个勺子
- 食盐
- 面粉

①

把清水和食用油倒进同一个瓶子里，用勺子搅拌。

②

在瓶子中加入半瓶水，加入一勺食盐，然后搅拌。

Q 油和水相溶吗?

A **无论如何搅拌，水和油都不会相溶。**搅拌后，水和油很快分离开了，食用油漂浮到水的表层。这是因为油里面的粒子和水中的粒子相互排斥。

Q 盐和水相溶吗?

A **是的，搅拌后，盐好像融化在水里了。**事实上，盐溶解了。也就是说，食盐分解成了微小的粒子，分散在水中。混合后的液体称为溶液。

③ 换一个瓶子加半瓶水，然后在里面加入一勺面粉。

Q 面粉和水相溶吗?

A 是的，面粉和水相溶了。不像水和油那样，面粉很容易溶解，并形成了糊状。这是因为面粉和水不相互排斥。

⑤ 加半瓶水，往里面加入5勺盐并搅拌。搅拌均匀后再加入5勺盐继续搅拌。

Q 水里能溶解多少盐?

A 好多！不停加盐，直到水里的盐不能再溶解为止。这说明已经没有富余的水分子能够继续分解食盐了。

④ 在一个干净的瓶子中倒入一些食用油，再捏一点食盐撒在油里，然后搅拌。

Q 盐和油相溶吗?

A 不相溶，盐在油里没有溶解。食盐都沉底了。这是因为油不能像水一样破坏食盐晶体的结构。

分离混合物

混合物就是由两种或两种以上物质混合而成的新物质。有时，我们需要将混合物中的不同物质分离开来。

30分钟　不需要家长监督　较难

你需要准备的

- 操作台
- 3个干净的空瓶子
- 清水
- 茶匙
- 茶叶包
- 食盐
- 豌豆（冷冻或新鲜，但不能用罐头）
- 过滤器
- 洗菜盆
- 厨房用纸巾或滤纸

准备工作

在三个空瓶子中各加入半瓶水。第一个瓶子中加入一些冷冻或新鲜的豌豆。第二个瓶子中加入少许茶叶末。第三个瓶子中加入2勺盐并搅拌均匀。

①

把过滤器放到洗菜盆上，再把加了豌豆的水倒进过滤器里。

Ⓠ 你能把水里的豌豆分离出来吗?

Ⓐ 当然可以。 过滤器上的小孔比豌豆小，所以豌豆无法漏下去。

2

放好过滤器，先把第二个瓶子里混有茶叶末的水倒入一半，再把第三个瓶子里加了盐的水倒入一半。

Q 茶叶末或盐能与水分离吗？

A 不能。它们都和水一起流下去了。这是因为过滤器的孔太大，拦截不住盐和茶叶末。

3

在过滤器上放一张厨房用的纸巾，再把剩下的半瓶茶水倒进去。

4

在过滤器上放一张厨房用的纸巾，把剩下的盐水倒进过滤器，然后用手指蘸一点漏下去的水尝一尝。

Q 你能把水中的盐过滤掉吗？

A 不能，加了纸巾的过滤器依然不能滤掉水中的盐。所以流下去的水尝起来还是咸的。这说明盐水的微粒是非常非常小的，可以轻易地通过纸纤维上的空隙。

Q 滤纸能把茶叶粉末和水分离吗？

A 可以。厨房用的纸巾的纸纤维之间空隙非常小，足以拦截茶叶末，但是依然拦截不住水分子。

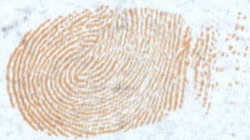

盐水蒸馏

盐水里的盐和水能被分开吗？可以，要通过蒸馏的办法。下面的实验就能告诉你如何分离水和盐。

30分钟　　需要家长监督　　很难

你需要准备的

- 操作台
- 炉子
- 清水
- 玻璃杯
- 食盐
- 茶匙
- 小碟子
- 平底锅
- 厨房用锡纸
- 冰块
- 水壶

a　在一个玻璃杯中加一半清水，再加入4茶匙食盐。充分搅拌至完全溶解，就得到了一杯食盐溶液。

b　把一多半食盐溶液倒进平底锅，然后在水中央上放一个小碟子。

c　用厨房用的锡纸把平底锅蒙起来。轻轻按压锡纸的中心，让它形成一个凹槽，在凹槽处放几块冰块。

把平底锅放到炉子上微火加热。水开后继续加热几分钟（注意不要把锅烧干）。加热时要注意安全，因为开水很烫。

Q 两个地方的水尝起来有什么不同吗?

A 是的，小碟子中的水不咸，说明这里面没有盐。水蒸发变成水蒸气以后，把盐留在了平底锅里。水蒸气遇到温度很低的锡纸又凝结成了水，滴落到小碟子里。这个过程就叫做蒸馏。可以用这种方式来把海水转化为淡水。

把平底锅从炉子上拿下来晾一个小时，直到它完全冷却为止。然后取下锡纸，你会发现小碟子里面有水。尝尝这个水和玻璃杯中剩下的盐溶液有什么区别。

你还可以……

在蒸馏的实验中，你把盐溶液中的盐分离了出去，留下了水。如果你想要把水分离出去，留下盐，该怎么做呢？只要把平底锅放在一个温度较高的地方，让水分自然蒸发，就可以把盐留在锅里了。

颜色分离

墨水、食用色素和染料都是由多种颜色混合而成的，这些基础颜色也被称为颜料或色素。下面这个实验可以帮你把不同的颜料分离开来，你就可以看到人们是如何用它们来调配其他颜色的。

30分钟　不需要家长监督　较难

你需要准备的

- 操作台
- 4张滤纸（尺寸为2×10厘米）
- 清水
- 4个干净的空瓶子
- 4支铅笔或小木棍
- 胶带
- 4支水彩笔或不同颜色的食用色素
- 剪刀
- 清水

每支铅笔上卷一张滤纸，用胶带固定好。滤纸的长度应与瓶子的高度相当。

每个瓶子里倒入约2厘米深的清水。

Q 颜色标记有什么变化?

A 颜色洇开了，而且被分离出了不同的颜料。滤纸有一段浸在水中，水分子被吸附就沿着滤纸向上运动。由此引起各种颜料的分子一起移动。随着上面的水分子慢慢蒸发，又会有新的水分子被吸附上来补充。不同颜料的分子被带动的距离不同，所以就在滤纸上形成了不同的区域，不同的颜料就被分离开来了。

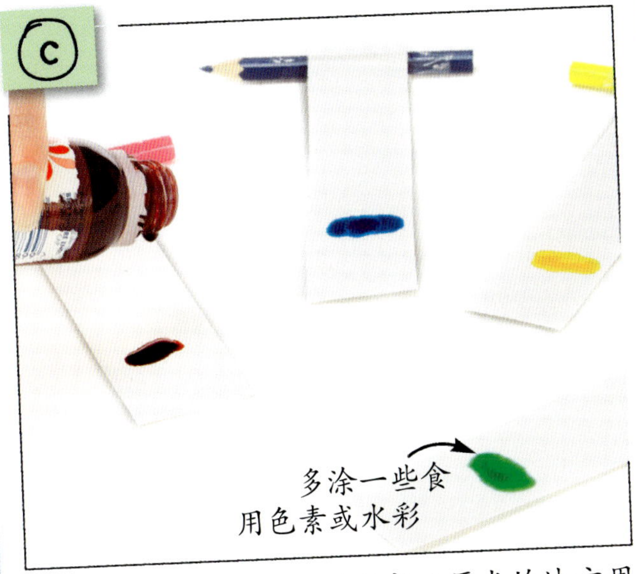

在每张滤纸上距离底部 2 厘米的地方用水彩笔或食用色素涂一个大色块。

小心地将滤纸分别放入盛水的瓶子里（有颜色的地方朝下）。调整纸条的长度，让涂有颜色的地方刚好位于水面上 1 厘米。每隔 10 分钟观察一次，直到 1 小时之后，看看会有什么变化。

甘蓝的颜色

柠檬汁和漂白剂有什么关联？它们一个是酸性物质，一个是碱性物质。酸碱是相互对立的。下面这个实验就是要用甘蓝来说明什么是酸，什么是碱。

你需要准备的

- 操作台
- 炉子
- 紫甘蓝
- 刀子
- 切菜板
- 平底锅
- 筛子
- 3个干净的瓶子
- 洗菜盆
- 茶匙
- 柠檬汁
- 小苏打
- 家用漂白剂
- 清水

准备工作

请家长帮忙把半个紫甘蓝切成小块。

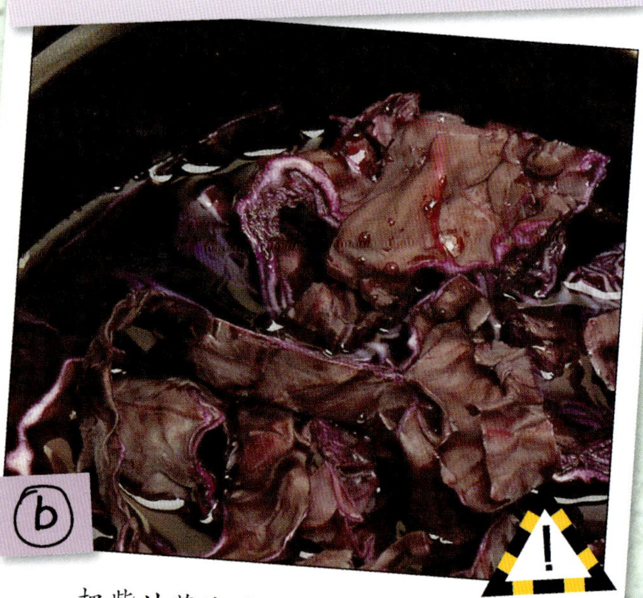

把紫甘蓝块放进平底锅，加水没过甘蓝。请家长帮忙在炉子上煮5分钟，然后关火，等菜和水彻底变凉。

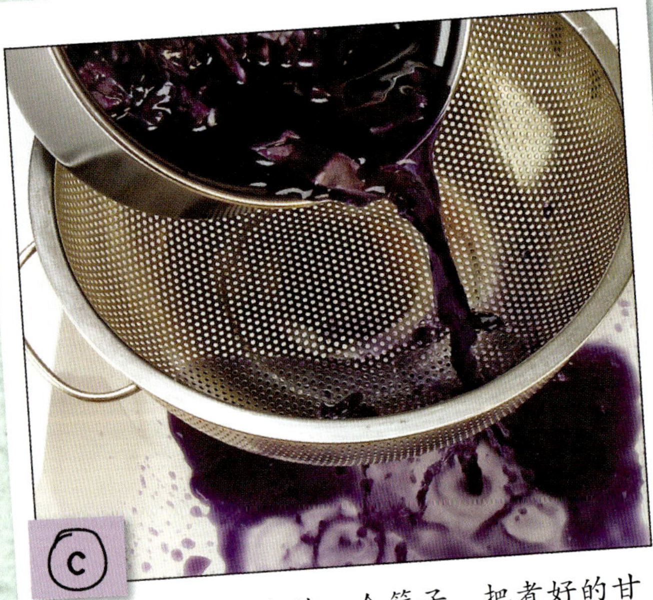

在洗菜盆上放一个筛子，把煮好的甘蓝倒在筛子上，让紫色的水流进洗菜盆里。

ⓓ 把这种紫色的水分别倒入三个玻璃瓶里，每个瓶子半满就可以。紫色说明现在的液体是中性的。

①

在第一个瓶子里加入几滴漂白剂并搅拌。为安全起见，可以请家长帮你添加漂白剂。

Q 加入漂白剂的水发生了什么变化？

A 紫色的水先是变成了绿色的，后来又变成了黄色的。漂白剂是碱性的。

②

在第二个瓶子里加入几滴柠檬汁并搅拌。

Q 加入柠檬汁的水发生了什么变化？

A 紫色的水变成了红色的。柠檬汁是酸性的。

③

在第三个瓶子里加入一茶匙的小苏打。

Q 加入小苏打的水发生了什么变化？

A 紫色的水变成了蓝色的。小苏打也可以把水变为碱性的，但是它的碱性没有漂白剂那么强。

通过紫甘蓝水的颜色变化，可以判断加入的物质是酸性还是碱性。我们把这种水叫做指示剂。

气泡和泡沫

化学反应是指某些物质在一定条件下形成新物质的过程。下面这个实验可以说明化学反应是如何进行的。

30分钟　不需要家长监督　容易

你需要准备的

- 操作台
- 牛奶
- 2个玻璃杯
- 勺子
- 醋
- 滤纸
- 漏斗
- 小苏打
- 小塑料瓶
- 气球
- 小碟

1a

在玻璃杯中倒入半杯牛奶，再加入2勺醋，并搅拌均匀。醋会使牛奶里面出现块状物。

1b

在另一个玻璃杯上蒙上滤纸，把牛奶和醋的混合物倒进滤纸。只留下滤纸上的混合物，漏下去的液体实验中不再需要，可以倒掉了。

1c

过一个小时以后，把滤纸上留下的黏黏的混合物集中到一个小碟里。

Q 醋和奶在一起形成了什么？

A 形成了一种黏黏的物质。牛奶中含有一种叫做酪蛋白的物质遇到醋后发生了反应，形成了这种新物质。这种新物质干了以后会变得像塑料一样硬。

在漏斗下面套一个气球，小心地向漏斗里加入2茶匙的小苏打，晃动漏斗，让小苏打都进入气球。

在塑料瓶里加入2厘米深的醋，然后小心地把气球的气嘴套在瓶口上。

晃动气球，把里面的小苏到倒进瓶子里。

Q 气球有什么变化？

A 气球鼓起来了！ 醋和小苏打发生了反应，产生了二氧化碳气体，充满了气球。

电动泡泡机

有些液体是允许电流通过的，通过这个实验你可以看到电流是如何在盐水中通过的。

30分钟　不需要家长监督　较难

你需要准备的

- 操作台
- 厚卡纸
- 干净的敞口瓶
- 2支一样长的铅笔
- 转笔刀
- 清水
- 9V的电池

a

把厚卡纸裁剪为边长比瓶口直径大 2 厘米的正方形。

b

把铅笔削尖。小心地把铅笔穿过卡纸，两支铅笔的间隔约为 2 厘米。

c

往瓶子里倒入半瓶清水。把插着铅笔的厚卡纸放到瓶口上，调整铅笔的高度，让它们持平浸入水中。

电池的电极朝下，确保它们接触到两支铅笔的笔芯。

你还可以……

在前面的实验中，你还可以在水中加入一些食盐并搅拌均匀。这次注意闻闻瓶口有什么气味。

你闻到氯——也就是“游泳池”的味道了吗？当你往水里加入食盐后，连接正极的铅笔会产生氯。氯是食盐中的一种物质（也就是氯化钠，即 NaCl）。

Q 你看到气泡了吗？

A 浸入水中的铅笔尖上出现了气泡，并且气泡会向水面上升，气泡里的气体是氧气和氢气。氧气和氢气是组成水的两种物质。铅笔芯接触到电池的正极会产生氧气；接触到电池的负极则会产生氢气。

记录实验结果

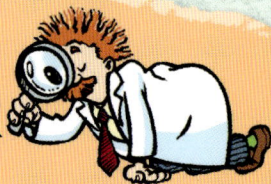

你可以在这里记录实验结果。比如写每个实验是否成功，还有你从中学到了什么知识。你也可以写你觉得这些实验是不是很有趣。

在这里留下一张你作为小科学家做实验的照片吧！

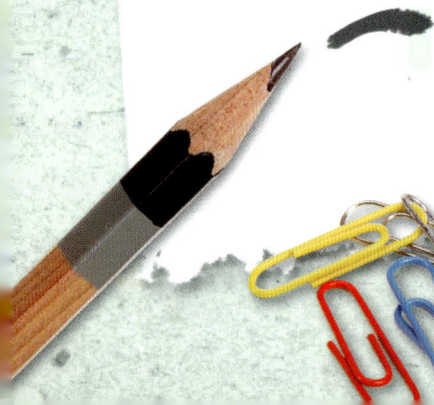

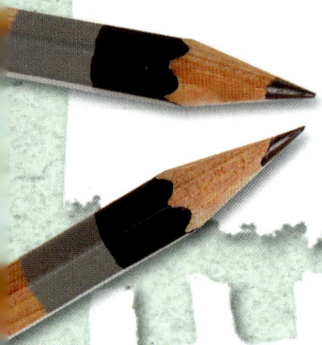

问答时间

准备好，让我们测试一下你从实验中学到了哪些知识吧。你可以把答案写到一张纸上，然后再和第 40 页上的正确答案进行比较。不许偷看哦！

问题1的图片提示

下列空白处应该填什么？

1. 如果给水持续加热，它会从液态变为______。
2. 塑料制品和纸张用过之后不能随便扔掉，而是应当______利用。
3. 如果两种物质无法融合，说明它们相互______。
4. 气体遇冷变为液态，叫做______。
5. 给液体加热直到它蒸发，再给蒸发后的气体降温让它重新变为液体的过程叫做______。

你还记得吗？

6. 多少摄氏度的时候，水会沸腾？
7. 在醋中加入小苏打会产生什么气体？
8. 水（H_2O）是由哪两种物质组成的？
9. 食盐的晶体是什么形状的？

问题7的图片提示

判断对错

⑩ 水和油遇到一起之后，油会溶解在水中。

问题10的图片提示

⑪ 橡胶是一种天然物质。

⑫ 物质存在的形态有四种。

选择题

⑬ 当原子或分子紧密地联结在一起时，就不能随意运动。此时它们会形成固态？液态？还是气态？

问题15的图片提示

⑭ 冰变成水的过程叫熔化？汽化？还是凝固？

⑮ 以下哪种物质是天然材料？木头？塑料？还是聚酯纤维？

⑯ 盐和水混合后形成的液体叫溶液？反应物？还是混合物？

把下列句子补充完整

问题17的图片提示

⑰ 液体变为固体的过程叫______。

⑱ ______与碱相对。

⑲ 墨水、颜料和食用色素是由______组成的。

⑳ 通过______可以把固体从液体中分离出来。

下面还有更多问答题

看图解题

21 在橙色框的3幅图片中，哪个物体能把茶叶末拦住？

22 在紫色框的3幅图片中，哪个原子结构图代表的是固态？

23 在绿色框的2幅图片中，哪种物质是碱性的？

24 在红色框的3幅图片中，哪张图片里显示的是冷藏环境下生成的泻盐晶体？

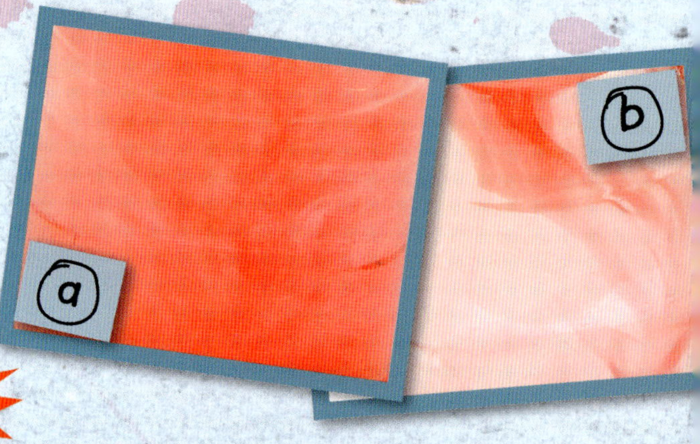

25 在蓝色框的2幅图片中，哪张图片里显示的是有色液体和无色液体混合30分钟后的样子？

词汇表

酸： pH值小于7的一种化学物质。

碱： pH值大于7的一种化学物质。

原子： 组成元素的最小粒子。

沸点： 液体被加热达到这一温度时会产生汽化现象。

液化： 气体遇冷凝结成水的过程。

溶解： 固体溶解是指它可以与水相溶形成溶液。

蒸馏： 为了分离溶液里的水，给溶液加热使水分蒸发，然后再重新凝结成水的过程。

元素： 由单一原子组成的化学物质，可以被分解。

过滤： 让混合物通过某种器具，比如筛子，以达到使其中的混合物相互分离的目的。

凝固点： 液体被冷却达到这一温度时会产生凝固现象。

材料： 任何物体都是由某种材料制成的。它可以是天然的（比如木头），也可以是人工合成的（比如聚酯纤维）。

物质： 物质是由微小的粒子组成的，可以有气态、液态和固态三种形态。

熔化： 将物体加热使其变为液体的过程。

混合物： 将两种或两种以上不同物质混合在一起，但是这些不同物质之间并没有出现化学反应结合成新物质，而是可以很容易地被重新分离。

分子： 两个原子结合在一起组成一个分子。

中性物： pH值等于7的物质。

pH值： 衡量溶液酸碱度的标准。

颜料： 不同颜料混合在一起可以制成新的颜色。

反应： 化学反应出现的标志是有新物质生成。比如：醋遇到小苏打，会产生出二氧化碳气体。

排斥： 两种物质不相溶。

分离： 混合物中的两种或多种物质被分开。

溶液： 气体、固体或液体在另一种液体中溶解而产生的新液体。

温度计： 用于测量温度的仪器。

索引

答 案

1. 气态 2. 回收 3. 排斥 4. 凝结 5. 蒸馏 6.100 摄氏度 7. 二氧化碳 8. 氢和氧 9. 立方体 10. 错误，水和油互相排斥 11. 正确 12. 错误，物质有三种形态 13. 固态 14. 熔化 15. 木头 16. 溶液 17. 凝固 18. 酸 19. 颜料 20. 过滤 21.a（厨房用纸巾） 22.b 23.a（漂白剂） 24.b 25.a